大模型前沿技术与应用丛书

大模型
应用开发实践

基于Spring AI+DeepSeek实现

赖 帆 ◎ 著

电子工业出版社·

Publishing House of Electronics Industry

北京·BEIJING

内 容 简 介

本书是一本全面覆盖 Spring 6 框架、大模型技术以及 Spring AI 应用开发技术的开发指南。全书深入浅出地介绍 Spring 6 框架的特性和应用实践，深入探讨大模型技术和 Spring AI 的集成应用，涵盖多模态、RAG、Function Calling、嵌入模型、向量数据库、对话记忆和内容审查等知识。全书按照从理论基础到项目实践的顺序编排，首先阐述 Spring 的核心原理，如 Bean 管理、AOP、数据库编程等关键技术，然后详细介绍 Web 开发，最后延伸到大模型应用开发，以及如何在 Spring 项目中集成和使用 DeepSeek 等大模型技术。

本书包含大量示例，每个案例均配有完整的代码和详细的步骤。特别是，本书包含三个大型实战项目，分别涉及智能对话、金融分析和酒店预订的场景，并基于 DeepSeeK 和 ChatGPT 实现，为行业智能化转型提供实践参考。本书还介绍 Spring 6.x、Spring Boot 3 及 Spring AI 的最新特性，适合前沿技术的开发者参考。

本书适合 Spring 初学者、中级开发者阅读，也适合 AI 与大数据领域的开发人员阅读。本书还可以作为高等院校计算机科学与技术、软件工程、大数据、人工智能等专业的教材或参考书，以及培训机构、企业的培训资料。

图书在版编目（CIP）数据

大模型应用开发实践 ：基于 Spring AI+DeepSeek 实现 / 赖帆著. -- 北京 ：电子工业出版社，2025. 7.
（大模型前沿技术与应用丛书）. -- ISBN 978-7-121 -50698-7

Ⅰ. TP18
中国国家版本馆 CIP 数据核字第 20259839AC 号

责任编辑：宋亚东　　　文字编辑：张　晶
印　　刷：河北鑫兆源印刷有限公司
装　　订：河北鑫兆源印刷有限公司
出版发行：电子工业出版社
　　　　　北京市海淀区万寿路 173 信箱　　邮编：100036
开　　本：720×1000　1/16　印张：20　字数：448 千字
版　　次：2025 年 7 月第 1 版
印　　次：2025 年 7 月第 1 次印刷
定　　价：108.00 元

凡所购买电子工业出版社图书有缺损问题，请向购买书店调换。若书店售缺，请与本社发行部联系，联系及邮购电话：(010) 88254888，88258888。

质量投诉请发邮件至 zlts@phei.com.cn，盗版侵权举报请发邮件至 dbqq@phei.com.cn。

本书咨询联系方式：syd@phei.com.cn。

困顿中醒悟

时光荏苒，白驹过隙。十五年前，我离开"象牙塔"踏进社会，在 IT 行业开启了职业生涯。时隔多年，我依然清晰地记得刚接触软件编程时，遇到了问题就到处找答案，查别人的技术资料，再从文章中复制代码，粘贴在自己的项目里，试探着解决问题。这种不停地四处搜索代码借以解决技术问题的状态持续了很久。在这个过程中，我的进步微乎其微，而且遇到类似的问题依然不清楚该怎么解决，于是只能再次去找代码、复制、粘贴、运行……如此循环。

在那段日子里，我开始有些麻木了，甚至心安理得地认为：写代码原本就是这样的，大家也都是这样做的。后来慢慢意识到：我这是在为自己开脱。其实，在我心底隐蔽的角落早已充满了懒惰和浮躁，遇到问题，不想自己动手，寄希望于检索到一段代码或者现成的例子，不在乎过程，只求一个结果。

直到有一天，赶在截止日期之前火急火燎地提交完最后一行代码后，我瘫坐在椅子上如释重负。我开始反思：这就是我的工作么？我要这样继续下去么？我该怎么改变呢？对于这些问题，我都没有答案。郁闷之时，我无意间听到了 CSDN 创始人蒋涛的演讲。涛哥在演讲中鼓励年轻人积累技术，突破自我。他充满力量的话语犹如夜空的闪电，警醒了困惑中的我，也让我拥有了改变现状的勇气。遇到问题不可怕，我们不能总是一味逃避，而应该直面它们。不但要解决问题，还需要进一步地梳理、分析、总结和记录，为以后类似的情况提供参考。我开始在 CSDN 撰写技术博客，记录在学习和工作中遇到的技术难题及其解决方案。

蜗牛的脚印

白天在公司工作，晚上和周末就成了我学习的时间。每当学会了新的技术，解决了难题，我都会把经验整理成一篇 CSDN 博客。坦率地说，在习惯的养成过程中，懒惰的惯性时常作祟，差一点儿前功尽弃。可是，每当想偷懒时，我总是提醒和敲打自己：世上没有捷径，不走弯路就不错了；自己不是聪明人，就不要装聪明，好记性不如烂笔头；自己笨，就要多花点儿精力用在学习上。在自我督促下，我渐渐坚持了下来。每当有人留言"谢谢你，谷哥的小弟，你的文章帮到了我"时，我内心的成就感就油然而生。原来，能帮助别人是一件很幸福的事情，也正是这些正向的反馈激励着我去挑战难度更大的项目。

2017 年左右，我的主要工作是对接国内的手机厂商。由于合作伙伴对谷歌 Android 系统进行了深度定制，在系统集成的过程中，我遇到了前所未有的阻力：系统兼容性的问题一直困扰着我，压得我喘不过气来。为了尽快解决问题，我翻阅了大量技术资料。从博客园到 CSDN，从 Stack Overflow 到掘金，从 GitHub 到 Gitee，我搜罗了大量文章，却沮丧地发现这些文章的内容大同小异：只是举一个简单的例子，很少研究为什么；人云亦云，对于文章里的技术根本没有去验证和深究；或者避重就轻地展示简单的样例而绕过了难点；文章零零散散不成体系……每次看完这些文章我依然觉得稀里糊涂、晕头转向，原本满满的动力和勇气也消失殆尽了。

在反复的搜索之后，我的愿望依旧落空了，没有人给我准备好我需要的东西。当我想鼓励自己再查找时，我猛地想起前辈说过的那句话：每当你在感叹，如果有这样一个东西就好了时，请注意，其实这是你的机会。此时，我禁不住反问自己：你怎么总是在期待别人把东西准备好呈现在你面前呢？自己动手去实现它难道不是最好的学习过程么？想到这里，我的心里也不再惶恐，打算自己啃下这块硬骨头。每天下班后吃完饭，稍微休息，我就开始读源码、看资料、写代码、画流程图、写博客，一头扎进去钻研，两耳不闻窗外事。最终，经过几个月的努力，我打破桎梏，解决了系统性的复杂难题，并将相关技术以专栏的形式发布在 CSDN 上。

在那段时间里，有同事问我：看源码枯燥么，累么？其实，我也想去三里屯的酒吧喝酒，我也想去成都的街头走走。可是，不行。因为我深知，我的技术储备还不够，我的能力还很有限，我还没有放松的资格。IT 人是靠技术吃饭的，技术是需要积累和锤炼的，如果怕麻烦就会一直遇到麻烦，怕吃苦就会一直吃苦。软件编程的实践性很强，想偷懒不动手是难有作为的。所以，我要一直在路上。但行前路，无问西东。

于是，我继续按照原定的方式前进。在痛苦中收获，在收获中成长，不念过往，不畏将来。走着，走着，花就开了，清风徐来。工作变得从容起来，博客的读者越来越多，我也很荣幸在 2016 年和 2020 年两度荣获"CSDN 年度十大博客之星"称号。

工作十余年，我换了几家公司，也从事了几种不同的岗位，但是对于博客的写作，从未停止。有人问我："谷哥的小弟，你怎么还在坚持写博客？"其实，我已经不用坚持了，因为写技术博客已经成为我生活的一部分，像吃饭、睡觉一样自然。每当做完一天的繁重工作，有的人会玩游戏，有的人会夜跑，有的人会读书，有的人会小酌几杯，而我选择写几行代码或者一篇博客，以此平复疲惫的内心。此时的我，也是最真实的，真实就是力量。这股力量支撑着我笔耕不辍，坚持原创；这股力量鞭策着我在写作过程中尽全力做到案例全面、内容翔实、图文并茂，行文风趣幽默、严谨细致、通俗易懂；这股力量驱动着我走进未曾涉及的领域，大数据、人工智能、机器学习、边缘计算、智能物联网、辅助驾驶……在这些陌生的领域，我就像刚上学的小朋友，兴奋又谨慎，当然，最高兴的还是又学会了新的知识。在学习的过程中，我依旧遵循自己的三板斧——读理论、做实验、写博客，把学会的知识以博客的形式分享给需要的人。

其实，我们都是社会中的普通人，都是人自然里的小蜗牛。做技术的这些年，我渐渐地明白：成长的意义在于变得越来越好。正如周杰伦在歌里唱的那样："我要一步一步往上爬，等待阳光静静看着它的脸，小小的天有大大的梦想，重重的壳裹着轻轻地仰望。"

挥笔著青简

自从开通 CSDN 博客以来，我一共撰写了 1500 余篇原创博客，收获了 420 万阅读量。在与读者的交流过程中，有不少人曾经建议我把博客文章整理成书。对于这个建议，我既欣慰又倍感压力。承蒙读者的厚爱和陪伴，我才走到了今天，可是，原本的工作和生活已经占据了我绝大部分时间，面对写书这件事我深感分身乏术。直到去年，一位小伙伴私信我：我要是早点儿看到你的这篇文章就好了，就可以少走很多弯路了。看到这句话，我终于下定决心把博客文章付梓成书。

最近这几年，AI 技术的发展速度远超过人们的预想，它深刻地改变了我们的学习、生活和工作方式。我一直在思考：在 AI 革命席卷企业级应用的背景下，开发者如何在保持技术栈稳定性的同时实现智能化跃迁？因此，我决定撰写一本关于人工智能技术的图书，帮助开发者基于现有框架构建并完善 AI 能力矩阵。

历经二十多年的发展，Spring 构建了完善的开发生态，并成为企业级应用的技术底座。随着人工智能技术的迅猛发展，Spring 推出 Spring AI 子项目，将 AI 功能集成到应用程序中。作为 Spring 家族的新成员，Spring AI 充分依托 Spring 的模块化设计，通过统一接口实现了与大模型、图像生成模型、语音合成与识别模型的交互。通过 Spring AI，开发者可以轻松地实现文本生成、对话系统、图像生成、语音处理等功能，而无须深入了解底层模型的实现细节。

本书适用于希望系统学习 Spring 和 AI 开发的技术人员阅读。书中内容涵盖 Spring 基础知识、核心概念及其体系结构，同时介绍了 Spring AI 的基本应用和高阶技能，涵盖多模态、RAG、Function Calling、嵌入模型、向量数据库、对话记忆和内容审查等。全书按照从理论基础到项目实践的顺序编排，首先阐述了 Spring 的核心原理，然后详细介绍 Web 开发，最后延伸到大模型应用开发，帮助读者循序渐进地掌握相关技术。

本书包含大量案例，每个案例均配有完整的代码和详细的步骤，建议读者在阅读过程中结合书中内容进行实践。本书包含三个大型实战项目，分别涉及智能对话、金融分析和酒店预订的场景，为行业智能化转型提供了实践参考。本书还介绍了 Spring 6.x、Spring Boot 3 及 Spring AI 的最新特性，适合关注前沿技术的开发者参考。本书内容全面、结构清晰、案例丰富，既适合初学者入门，也可帮助有经验的工程师实现技术升级和工程能力跃迁。

在本书的写作伊始，我以为凭借自己十余年的博客写作经验写一本技术图书是没有任何难度的，甚至可以信手拈来。等到了下笔时，我才发现写书和写博客有不小的差别。作为一本书，它应该是系统的、严谨的、全面的，这与博客的随性而发、率性而为很不同。与此同时，为了避免内容晦涩难懂，我还得考虑语言的简捷性与实用性。在创作过程中，字句的凝练非常重要，有时简单的几句文稿我也会斟酌半天，总怕词不达意，耽误读者的时间。每当此时，我便想起何光远所著的《鉴戒录·贾忤旨》中记录唐代诗人贾岛有关推敲的典故。古代的大诗人尚且如此严谨，我们又岂能草草应付了事？为此，我每写完一个章节就请身边的实习生阅读，然后根据他们的反馈来修订内容和表述方式。

感恩与致谢

在研究技术的道路上，我遇到了很多令人尊敬的前辈和志同道合的朋友，谢谢你们给予我的关怀与指导，谢谢你们的支持、鼓励与陪伴。在此，向各位表达诚挚的谢意（排名不分先后）：ZXX、Emily、Dora、张 DW、彭 J、W 建 L、ycgvbst、光华哥、灯泡哥、朱 YAN、齐 L、李新、张 HB、余江、胡晓东、上官、小爱、郭霖、皓哥、康师傅、叶涛、胡争辉、开发游戏的老王、温暖了四季、td、老朱、小雨、Fred、岚枫、铁胖纸、帐前卒、流川枫、牧之、光礼、杭州哲、尼古拉斯赵四、老群主兆贤、Fizz、Stay、小傅哥、尚斌、梦鸽、佳威、锋武、蒋涛、宋海涛、车东、邹欣、红月、王艳、小婷、英雄哪里出来、花姐、杨睿楠、王晨力、道映霖、梦想橡皮擦、老袁、敖丙三太子、1_bit、邓凡平、许向武、杨秀璋、红孩儿、Paulus、喵叔。

　　感谢本书的技术评审和参与各个章节试读的小伙伴，谢谢你们的建议与帮助。

　　感谢电子工业出版社博文视点的宋亚东编辑为本书的顺利出版倾注的大量心血，感谢您的辛勤付出。

　　在本书的撰写过程中，我虽然秉承科学严谨的态度，力求表述准确、完善，但由于水平有限，本书错误和疏漏之处在所难免，恳请各位读者批评指正。

作者

目录

## 第 1 章

Spring 框架入门

　　本章作为全书的开篇，主要介绍 Spring 的基本概念、发展历程、核心思想、主要特点与优势，以及开发入门案例等基础知识。通过对本章的学习，读者能够初步了解 Spring 框架，理解 Spring 的核心原理，并了解 Spring 的开发流程。

1.1　Spring 发展历程

20 世纪末期，随着软件开发行业的迅猛发展，Sun 公司推出了 EJB（Enterprise Java Beans，企业 Java Beans）技术。EJB 技术的出现，使 JavaBeans 的应用从客户端向服务器端扩展。在 Web 开发领域，EJB 技术简化了应用系统的开发流程，缩短了软件产品的研发周期。然而，EJB 并非尽善尽美。随着时间的推移，其设计复杂、资源消耗高和代码侵入性强等问题逐渐显现，给应用程序的测试、部署和运维带来诸多不便。

2002 年，计算机科学家 Rod Johnson 出版了 *Expert One-on-One J2EE Design and Development*。在这本书中，Rod Johnson 深刻剖析了当时 Java EE 系统框架的诸多弊端，并提出了革新理念。他认为，优秀的框架应轻便灵活，能够简化开发流程、提高效率，并降低测试、部署和运维的难度。基于此理念，Rod Johnson 开始着手开发一个新的框架——interface21。该框架以实际需求为导向，注重易用性和高效性。经过不断的完善，interface21 逐渐成熟，并最终演变成我们今天所熟知的 Spring 框架。2004 年 3 月 24 日，Rod Johnson 发布了 Spring 1.0 正式版。同年，他推出了另一部经典之作——*Expert One-on-One J2EE Development without EJB*。在该书中，他根据自己多年的实践经验，对 EJB 的臃肿结构进行了批判，并进一步阐述了 Spring 框架的优势。至此，EJB 逐渐走入历史的尘埃，Spring 犹如璀璨的明星冉冉升起，光芒四射。

自诞生以来，Spring 框架经过多次版本迭代，引入了众多创新技术，如 IoC 容器、AOP（面向切面编程）、注解驱动开发、Spring MVC 等，持续推动 Java 企业级应用开发的进步。以下对 Spring 框架各版本发展历程进行简要回顾。

Spring 1.x（2004—2006 年）是 Spring 的首个正式版，提供了对 IoC（控制反转）容器和 AOP 的支持，使开发者无须依赖 EJB 即可构建企业级应用。

Spring 2.x（2006—2009 年）在 Spring 1.x 的基础上，引入了注解驱动、Spring MVC 框架、JDBC 等。自此，Spring 开始逐步使用注解替代 XML 配置。

Spring 3.x（2009—2013 年）引入了 Java 配置类和 RESTful Web 服务等功能，并增强了对 Java EE 6 的兼容。

Spring 4.x（2013—2018 年）对核心容器进行了多项改进，支持 Java 8 的新特性和 WebSocket 通信。

Spring 5.x（2017—2022 年）引入函数式编程模型和响应式编程，提升了 Web 应用在高并发场景下的吞吐量。

Spring 6.x（2022 年至今）以 JDK 17 为基线，支持 GraalVM 原生镜像，并采用 AOT 技术提升应用程序的启动速度和运行性能。

经过 20 多年的发展，Spring 已构建起一个完善的生态体系。在专业技术语境下，狭义上的 Spring 专指 Spring Framework，即通常所说的 Spring 框架，它构成了 Spring 全家桶中所有框架的基石。而从更广义的角度来看，Spring 指建立在 Spring Framework 之上的整个 Spring 技术栈。如今，Spring 已超越了单一应用框架的范畴，逐渐发展为包含多个独立子项目的成熟技术体系。这些子项目包括 Spring Framework、专注于 Web 开发的 Spring MVC、简化配置与部署的 Spring Boot、支持分布式系统的 Spring Cloud、提供数据访问抽象的 Spring Data、提升应用安全的 Spring Security，以及服务于人工智能开发的 Spring AI 等。Spring 的子项目如图 1-1 所示。

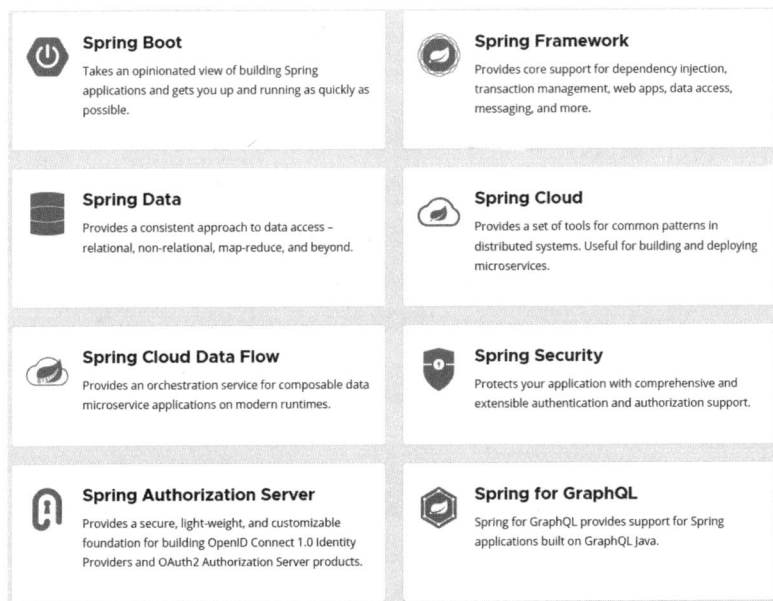

Spring Boot
Takes an opinionated view of building Spring applications and gets you up and running as quickly as possible.

Spring Framework
Provides core support for dependency injection, transaction management, web apps, data access, messaging, and more.

Spring Data
Provides a consistent approach to data access – relational, non-relational, map-reduce, and beyond.

Spring Cloud
Provides a set of tools for common patterns in distributed systems. Useful for building and deploying microservices.

Spring Cloud Data Flow
Provides an orchestration service for composable data microservice applications on modern runtimes.

Spring Security
Protects your application with comprehensive and extensible authentication and authorization support.

Spring Authorization Server
Provides a secure, light-weight, and customizable foundation for building OpenID Connect 1.0 Identity Providers and OAuth2 Authorization Server products.

Spring for GraphQL
Spring for GraphQL provides support for Spring applications built on GraphQL Java.

图 1-1　Spring 的子项目

这些子项目相互协同，为开发者提供了全面、灵活且高效的 Java 企业级应用开发解决方案，帮助开发者快速构建高可靠的企业应用。

1.2 Spring 的优势

作为一款优秀的非侵入式框架，Spring 凭借轻量化设计和良好的扩展性成为企业级应用开发的首选框架，其主要优势如下。

（1）模块化设计。Spring 具有良好的重用性和扩展性，开发者可以根据项目需求自由选择和组合所需的模块，而不必引入整个 Spring 框架。

（2）非侵入式设计。Spring 最大限度地降低了应用程序对框架的依赖，提升了代码的可移植性和可维护性。

（3）低耦合。Spring 通过控制反转（Inversion of Control，IoC）和依赖注入（Dependency Injection，DI），极大地降低了组件间的耦合性。

（4）支持 AOP。Spring 支持面向切面编程（Aspect Oriented Programming，AOP），将日志记录、事务管理、权限控制等通用性功能与核心业务分离，保持了业务代码的纯净。

（5）支持声明式事务管理。Spring 支持声明式事务管理，开发者可通过配置文件或注解管理事务，而不必编写烦琐的事务代码。

（6）简化程序测试。Spring Test 模块集成了 Junit、Mock 等测试框架和工具，方便开发者进行单元测试、集成测试等。

（7）快速集成第三方框架。Spring 在设计时充分考虑了与其他框架的集成，提供了对 Kafka、Hibernate 和 MyBatis 等框架的友好支持。

（8）活跃的社区和丰富的文档。Spring 拥有庞大的开发者社区和丰富的文档资源，为开发者提供了大量学习资料和参考资源。

1.3 Spring 核心概念

在深入探讨 Spring 框架之前，先来了解 Spring 核心概念。这些概念不仅有助于理解 Spring 的工作原理，也为后续学习奠定基础。

1.3.1 Spring 容器

在软件开发领域，通常将负责创建、管理和销毁对象的组件称为容器。例如，Tomcat 是一个管理 Servlet 生命周期的容器。当 Servlet 被创建、执行和销毁时，Tomcat 分别调用其 init 方法、service 方法和 destroy 方法。Spring 容器是 Spring 框架的核心基础设施，它负责管理应用中各组件的生命周期，包括对象的创建、依赖关系的注入、初始化及销毁。开发者无须使用 new 关键字创建对象和硬编码依赖关系，转而通过 XML 配置、注解或 Java 配置类完成组件的定义与依赖管理。简而言之，Spring 容器是一个"高度自动化的工厂"，它负责创建、配置和管理应用程序中的对象。

1.3.2　Bean

JavaBean 是一种符合特定设计规范的 Java 类，常用于创建可复用的标准化组件。类中所有属性都为私有，并提供公共的无参构造函数以及相应的 getter 和 setter 方法来访问这些属性。通常情况下，JavaBean 实现 Serializable 接口，以便数据的传输和持久化保存。

在 Spring 框架中，Bean 是由 Spring 容器管理的对象实例。这些实例既可以是普通的 Java 对象，也可以是来自第三方库的对象。Spring 容器负责 Bean 的创建、配置、组装和管理，涵盖了从实例化到销毁的完整生命周期。

1.3.3　控制反转

控制反转（Inversion of Control，IoC）是一种设计原则，其核心思想在于将程序的控制权从应用程序代码转移到框架或容器。在以往的开发模式中，开发人员通过编写代码创建对象，并维护对象间的依赖关系。但在 IoC 的思想下，这种控制权被"反转"了，由外部容器创建对象、管理对象的依赖关系。

1.3.4　依赖注入

在软件开发中，依赖指一个组件需要使用另一个组件的功能或服务。例如，在类 A 使用了类 B 的方法或属性时，我们就说类 A 依赖类 B。

依赖注入（Dependency Injection，DI）是实现 IoC 的具体技术手段。通过外部容器将其他对象注入目标对象中，而不是由目标对象自己创建或查找依赖。

近些年，笔者经常听到有人说：IoC 是 Spring 框架的核心技术。其实，类似的看法是有失偏颇的，因为控制反转是现代框架共有的特征，而非 Spring 框架独有的。在此，建议仔细阅读国际知名计算机科学家 Martin Fowler 的经典论文 "Inversion of Control Containers and the Dependency Injection Pattern"。在该论文中，作者对于 IoC 与 DI 提出独特而深刻的见解，并将 DI 与服务定位器模式进行了比较。

1.4　Spring 体系结构

在 Spring 的体系结构中，各模块既相互独立，又彼此依赖。这种设计允许开发者根据项目需求灵活组合模块，促进企业级应用程序的快速、高效构建。Spring 体系结构如图 1-2 所示。

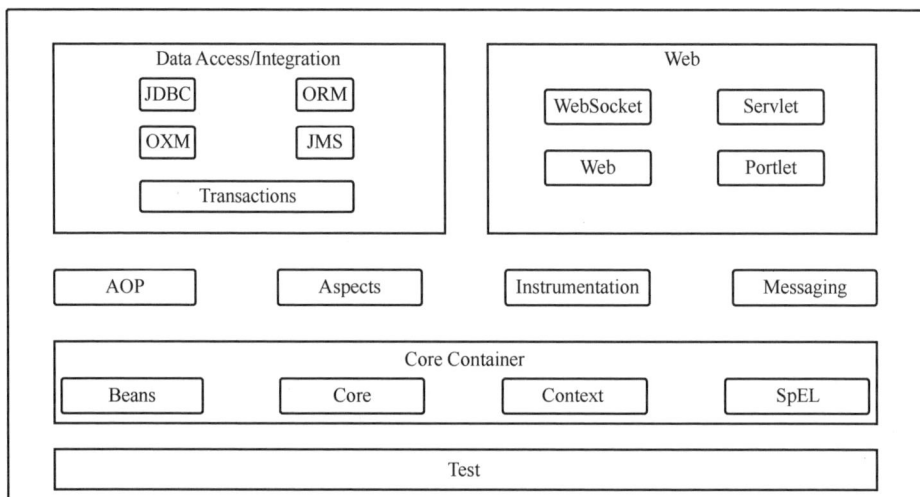

图 1-2　Spring 体系结构

1.4.1　Core Container

在 Spring 的体系结构中，Core Container 是最重要的部分，它提供框架运行环境和核心功能。Core Container 由四个主要模块组成：Beans、Core、Context 和 SpEL，它们构成了 Spring 的核心容器，提供了构建企业级应用所需的基础设施和功能。

（1）Beans。该模块提供了 BeanFactory，作为工厂设计模式的经典实现，它是 IoC 容器的基础，负责管理 Bean 的创建、配置和生命周期。

（2）Core。该模块提供了框架的核心组成部分，包括控制反转和依赖注入等。此外，它还封装了框架所依赖的底层功能，如资源访问和类型转换等。

（3）Context。该模块在 Core 和 Beans 之上，构建了更高层次的抽象。

Context 不仅扩展了 BeanFactory 的功能，还引入了资源绑定、数据验证、国际化、Java EE 集成、容器生命周期管理和事件传播等高级特性。

（4）SpEL。SpEL 作为 Spring 框架的表达式语言，可在运行时查询和操作对象图，例如属性访问、方法调用、算术和逻辑运算、集合操作、类型转换等。

1.4.2　Data Access/Integration

Data Access/Integration（数据存取/整合）包含了 JDBC、ORM、OXM、JMS 和 Transactions 模块，提供了与数据库、消息系统和其他企业级服务交互所需的工具和功能。

（1）JDBC（Java Database Connectivity）模块简化了传统的 JDBC 编码和事务控制。

（2）ORM（Object-Relational Mapping）模块用于整合持久层框架，如 JPA、JDO、Hibernate 和 MyBatis。

（3）OXM（Object/XML Mapping）模块用于整合 JAXB、Castor、XMLBeans、JiBX 和 XStream 等工具，实现 Java 对象与 XML 数据之间的相互转化。

（4）JMS（Java Message Service）模块提供了消息服务，用于在应用程序之间或分布式系统中实现异步通信。

（5）Transactions。事务模块支持编程式和声明式事务管理，并提供事务抽象层对不同类型的事务进行统一管理。

1.4.3　Web

Web 部分包含 Web、Servlet、WebSocket 和 Portlet 模块，提供了 Web 开发所需的基础功能和框架支持。

（1）Web 模块提供常用的 Web 功能，例如文件上传、国际化、验证等，并通过 Servlet 监听器、IoC 容器和 Web 应用初始化上下文。

（2）Servlet 模块实现了 Spring MVC 框架，用于构建基于 MVC 模式的 Web 应用程序，支持请求处理、视图渲染和业务逻辑分离。

（3）WebSocket 是 Spring 4.0 后新增的模块，主要提供对 WebSocket 和 SocketJS 的支持。

（4）Portlet 模块常用于构建门户系统中的可复用界面组件。

1.4.4　AOP 与 Aspects

AOP 模块使用动态代理将日志记录、事务管理、安全检查等横切关注点从业务逻辑中分离。Aspects 模块集成了 AspectJ 注解和自动代理功能，简化了切面开发。

1.4.5 Test

Test 模块集成了 JUnit、Mockito 等测试框架，为开发者提供一站式测试方案与功能支持。

1.4.6 Instrumentation

Instrumentation 模块支持 JVM 级别的类检测和字节码操作，它利用代理机制在类加载时动态修改字节码文件。

1.4.7 Messaging

Messaging 模块集成了简单文本定向消息协议（Simple Text Orientated Messaging Protocol，STOMP）、高级消息队列协议（Advanced Message Queuing Protocol，AMQP）等多种消息协议，负责消息的发送、接收和处理。

1.4.8 小结

Spring 框架在表现层、业务层和持久层中都发挥着重要作用。

在表现层，Spring 提供统一的请求处理流程和视图渲染机制。此外，还提供了视图模板（如 JSP、Thymeleaf 等）用于渲染用户界面。

在业务层，Spring 通过依赖注入和面向切面编程，使开发者专注于业务逻辑的实现，不需要关注组件的创建和依赖管理。

在持久层，Spring 提供了统一的事务管理机制，支持 JDBC、Hibernate、MyBatis 等持久层框架和 JdbcTemplate、HibernateTemplate 等数据访问模板。

1.5 传统 Web 开发模式回顾

在使用 Spring 框架开发项目之前，通过常见的用户模块回顾传统开发模式下如何实现 Web 功能。

1.5.1 持久层代码

在持久层定义接口 UserDao 并在接口中声明 insert 方法，代码如下。

```
public interface UserDao {
    void insert ();
}
```

创建接口 UserDao 的实现类 UserDaoImpl，并实现 insert 方法，代码如下。

```
public class UserDaoImpl implements UserDao {
    @Override
    public void insert () {
        System.out.println ("UserDao insert");
    }
}
```

为了便于观察结果，在 insert 方法中打印一行文本。

1.5.2　业务层代码

在业务层定义接口 UserService，并在接口中声明 add 方法，代码如下。

```
public interface UserService {
    void add ();
}
```

创建接口 UserService 的实现类 UserServiceImpl，并实现 add 方法，代码如下。

```
public class UserServiceImpl implements UserService {
    private UserDao userDao = new UserDaoImpl ();
    @Override
    public void add () {
        System.out.println ("UserService add");
        userDao.insert ();
    }
}
```

首先，在 UserServiceImpl 中通过 new 关键字创建 UserDaoImpl 对象。然后，在 add 方法中调用 UserDao 的 insert 方法。类似地，为便于观察结果，在 add 方法中打印一行文本。

1.5.3　测试类代码

创建测试类 UserTest，在测试类中创建 UserServiceImpl 对象并调用 add 方法，代码如下。

```
public class UserTest {
    public static void main (String[] args){
```

```
        UserService userService = new UserServiceImpl ();
        userService.add ();
    }
}
```

运行 main 函数后，控制台打印出两行文本，测试结果如下。

```
UserService add
UserDao insert
```

从以上输出结果，可以清晰地看到：业务层调用了持久层，持久层做出了响应。

1.5.4 案例小结

在用户模块的开发过程中，业务层通过 new 的方式创建持久层对象。在这种情况下，如果持久层发生变化，那么业务层的代码也需要随之调整。此时，需要对项目重新编译、测试、打包和部署。

这种开发模式存在一个明显的弊端，即各层耦合度偏高。任意一个模块的改动，必然会影响与之相关的其他模块。为了降低耦合度，Spring 框架提出了创造性的解决方案：当程序需要对象时，不主动使用 new 创建，而由外部提供。换句话说，当使用 Spring 框架开发项目时，无须再使用 new 创建对象，Spring 框架将自动创建所需对象。

1.6 Spring 入门案例

在此，通过对用户模块的改造，详细介绍 Spring 框架的基本用法。在本案例中，将详尽描述每一步操作，并说明相关注意事项。在编码过程中，如遇技术细节问题，请参考本书配套的完整源码。

1.6.1 创建项目

创建新项目，用于存放 Module，具体步骤如下。打开 IDEA，在工具栏中依次选择"File"→"New"→"Project"选项，在弹出的"New Project"对话框中选择"Empty Project"选项创建空项目，如图 1-3 所示。

单击"Next"按钮，设置项目名为 SpringStudy 并选择项目存放路径，如图 1-4 所示。

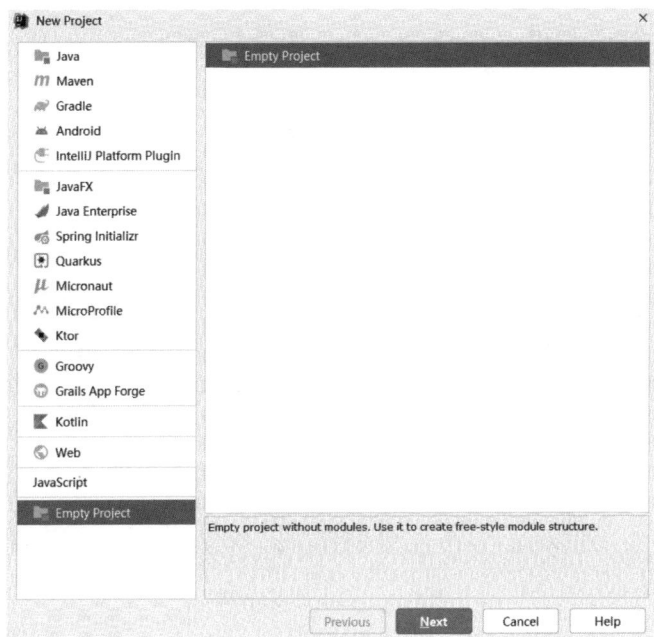

图 1-3　创建空项目

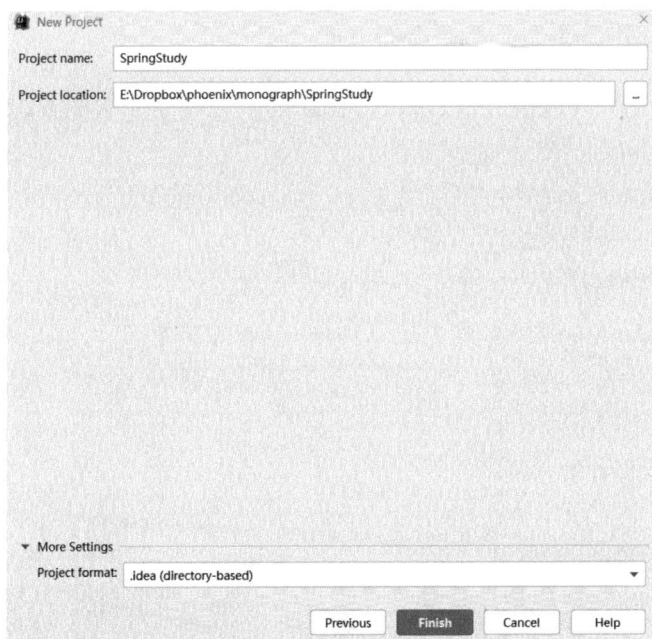

图 1-4　选择项目存放路径

单击"Finish"按钮，项目创建完毕，如图 1-5 所示。

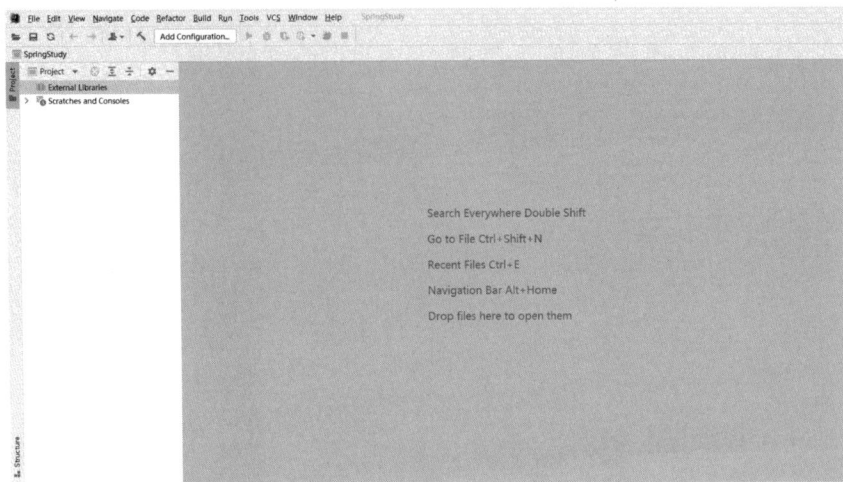

图 1-5　项目创建完毕

在 工 具 栏 中 依 次 选 择 " File " → " Settings " → " Build, Execution, Deployment"→"Build Tools"→"Maven"选项，在弹出的界面中配置 Maven 路径及其本地仓库的地址，如图 1-6 所示。

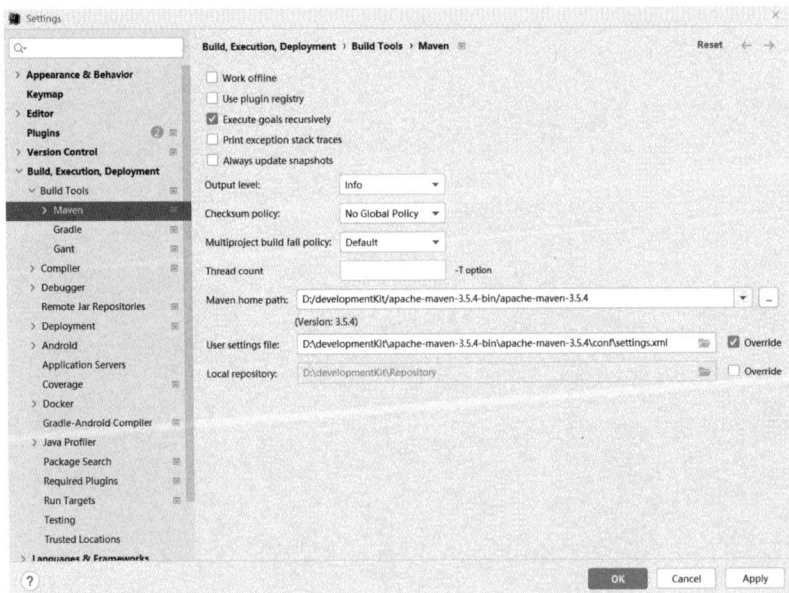

图 1-6　配置 Maven 路径及其本地仓库的地址

　　在工具栏中依次选择"File"→"Project Structure..."→"Project"选项，在弹出的界面中配置 SDK 的版本，如图 1-7 所示。

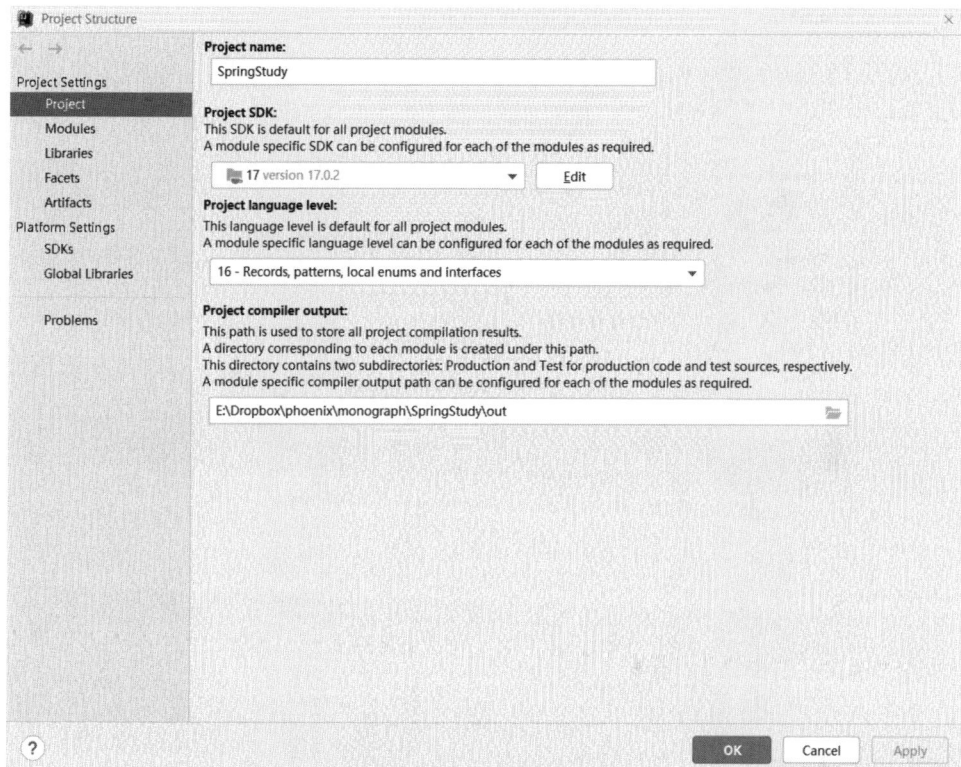

图 1-7　配置 SDK 的版本

　　单击"OK"按钮，成功创建项目。

1.6.2　创建模块

　　在 IDEA 的工具栏中依次选择"File"→"New"→"Module"→"Maven"选项，以 Maven 方式创建 Module，如图 1-8 所示。

　　单击"Next"按钮后，将 Module 命名为 Spring_HelloWorld_XML 并设置 GroupId、ArtifactId 和 Version，如图 1-9 所示。其中，通常将 GroupId 设置为开发人员所在公司的倒置域名（例如 com.baidu），将 ArtifactId 设置为 Module 名，Version 采用默认值即可。

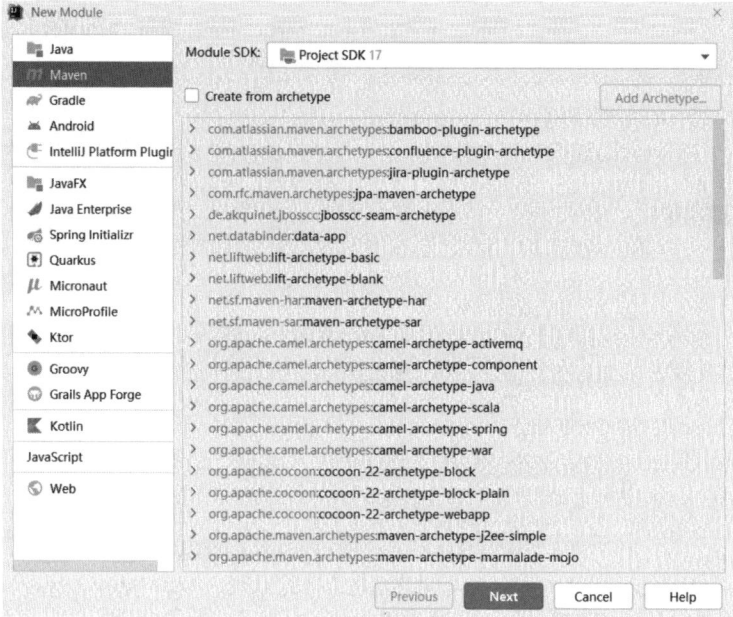

图 1-8　创建 Module

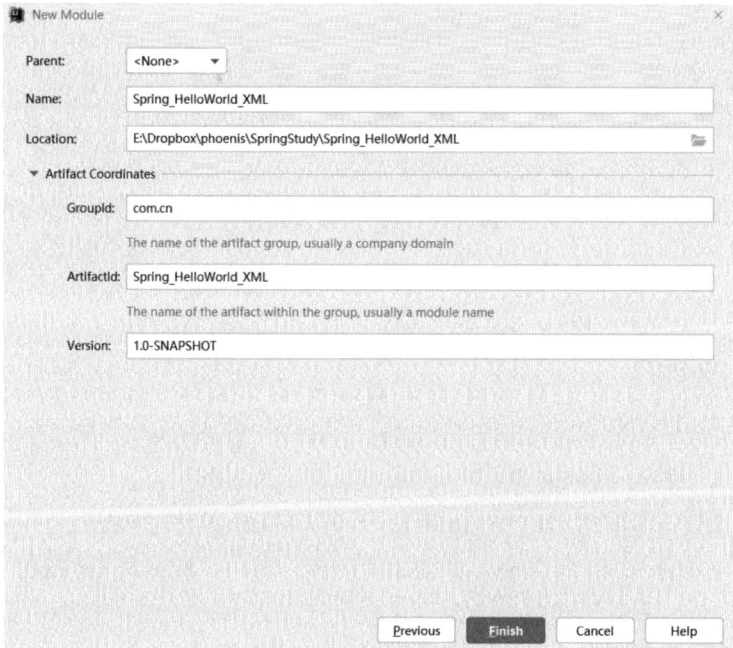

图 1-9　配置 Module

单击"Finish"按钮完成模块创建，如图 1-10 所示。

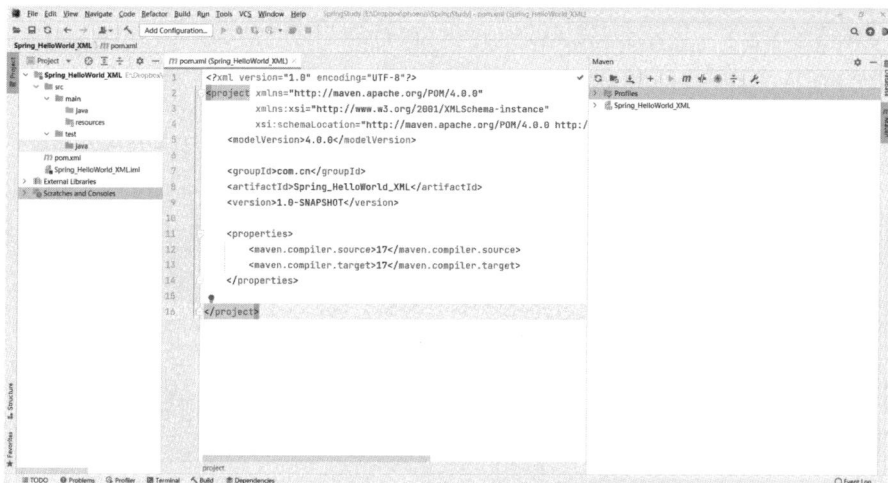

图 1-10　完成模块创建

在以 Maven 方式构建的项目中，项目各目录及文件的用途如下。

（1）src/main。存放项目源码，其中，src/main/java 目录存放 Java 代码，src/main/resources 目录存放资源文件和配置文件。

（2）src/test。存放测试代码，其中，src/test/java 目录存放 Java 测试代码。若项目需要测试资源，则创建 src/test/resources 目录并将测试资源文件置于其中。

（3）Spring_HelloWorld_XML.iml。存储模块信息。

（4）pom.xml。项目配置文件。

1.6.3　添加依赖

在 pom.xml 文件中，使用<dependency>标签添加 Module 所需的依赖，如 Spring 依赖、Junit 依赖等。相关代码如下。

```
<?xml version="1.0" encoding="UTF-8"?>
<project xmlns="http://***maven.apache.org/POM/4.0.0"
        xmlns:xsi="http://***www.w3.org/2001/XMLSchema-instance"
        xsi:schemaLocation="http://***maven.apache.org/POM/4.0.0
http://***maven.apache.org/xsd/maven-4.0.0.xsd">
```

① 请读者在访问时删除"***"。——编者

```xml
    <modelVersion>4.0.0</modelVersion>
    <groupId>com.cn</groupId>
    <artifactId>Spring_HelloWorld_XML</artifactId>
    <version>1.0-SNAPSHOT</version>
    <properties>
        <maven.compiler.source>17</maven.compiler.source>
        <maven.compiler.target>17</maven.compiler.target>
    </properties>
    <dependencies>
        <!--导入 Spring6 依赖-->
        <dependency>
            <groupId>org.springframework</groupId>
            <artifactId>spring-context</artifactId>
            <version>6.0.11</version>
        </dependency>
        <!--导入 Junit 依赖-->
        <dependency>
            <groupId>junit</groupId>
            <artifactId>junit</artifactId>
            <version>4.12</version>
            <scope>test</scope>
        </dependency>
    </dependencies>
</project>
```

在添加以上依赖的过程中，请确保设备能够访问外网，并在添加完成后刷新 Maven 加载相关依赖。

1.6.4　核心代码

完成项目搭建并添加必要依赖后，开始编写核心代码。在此过程中，将业务层的 UserServiceImpl 和持久层的 UserDaoImpl 等组件通过 Spring 配置文件交由 Spring 容器统一管理，并在 Spring 配置文件中描述它们之间的依赖关系。在本案例中，摒弃传统的使用 new 创建对象的方式，采用从 Spring 容器中获取对象的方式。

1. 持久层
在持久层定义 UserDao 接口并在接口中声明 insert 方法，代码如下。

```java
public interface UserDao {
    void insert ();
}
```

创建 UserDao 接口的实现类 UserDaoImpl 并实现 insert 方法，代码如下。

```java
public class UserDaoImpl implements UserDao {
    @Override
    public void insert () {
        System.out.println ("UserDao insert");
    }
}
```

为了便于观察结果，在 insert 方法中打印一行文本。

2. 业务层

在业务层定义 UserService 接口并在接口中声明 add 方法，代码如下。

```java
public interface UserService {
    void add ();
}
```

创建 UserService 接口的实现类 UserServiceImpl 并实现 add 方法，代码如下。

```java
public class UserServiceImpl implements UserService {
    // 业务层持有持久层对象
    private UserDao userDao;
        // 设置持久层对象
    public void setUserDao (UserDao userDao){
        this.userDao = userDao;
    }
        @Override
    public void add () {
        System.out.println ("UserService add");
        // 调用持久层对象的方法
        userDao.insert ();
    }
}
```

业务层 UserServiceImpl 持有持久层对象 userDao，并为该对象提供了对应的 setter 方法。在业务层的 add 方法中调用 UserDao 的 insert 方法。

3. 配置 Bean

在 resources 目录下，创建 Spring 配置文件 applicationContext.xml。在该文件中，使用<bean>标签配置 UserDao 接口的实现类 UserDaoImpl，将其纳入 Spring 容器的管理。在<bean>标签中，id 属性用于唯一标识每个 Bean，class 属性则用于指定 Bean 的全限定类名。类似地，利用<bean>标签将 UserService 接口的实现类 UserServiceImpl 交由 Spring 容器管理，代码如下。

```xml
<?xml version="1.0" encoding="UTF-8"?>
<beans xmlns="http://***www.springframework.org/schema/beans"
       xmlns:xsi="http://***www.w3.org/2001/XMLSchema-instance"
       xsi:schemaLocation="http://***www.springframework.org/schema/
beans http://***www.springframework.org/schema/beans/spring-beans.xsd">
    <!--1.配置 UserDao 接口的实现类 UserDaoImpl-->
    <bean id="myDao" class="com.cn.dao.impl.UserDaoImpl"></bean>
    <!--2.配置 UserService 接口的实现类 UserServiceImpl-->
    <bean id="myService" class="com.cn.service.impl. UserServiceImpl">
</bean></beans>
```

目前，已经完成了业务层和持久层 Bean 的基本配置。由于业务层依赖持久层对象，接下来在业务层的 Bean 中通过<property>标签注入其所需的依赖，代码如下。

```xml
<?xml version="1.0" encoding="UTF-8"?>
<beans xmlns="http://***www.springframework.org/schema/beans"
       xmlns:xsi="http://***www.w3.org/2001/XMLSchema-instance"
       xsi:schemaLocation="http://***www.springframework.org/ schema
/beans http://***www.springframework.org/schema/beans/springbeans.xsd">
    <!--1.配置 UserDao 接口的实现类 UserDaoImpl-->
    <bean id="myDao" class="com.cn.dao.impl.UserDaoImpl"></bean>
    <!--2.配置 UserService 接口的实现类 UserServiceImpl-->
    <bean id="myService" class="com.cn.service.impl. UserService-
Impl">
        <!--3.配置 UserServiceImpl 所需的依赖 UserDaoImpl-->
        <property name="userDao" ref="myDao"></property>
    </bean>
</beans>
```

<property>标签的 name 属性用于指定类的属性，ref 属性用于指向该属性依赖的对象。在上述代码中，<property>标签的 name 值为 userDao，这与 UserServiceImpl 类的持久层属性名称一致。

4．测试类

在 test/java 目录下创建测试类 SpringTest 用于单元测试。先根据配置文件名获取 Spring 容器，再通过 getBean 方法从容器中获取对象，代码如下。

```java
public class SpringTest {
    @Test
    public void testIoC () {
```

```
        // 加载配置文件并获取 IoC 容器
        ApplicationContext applicationContext = new ClassPathXml-
ApplicationContext ("applicationContext.xml");
        // 从 Ioc 容器中获取 Dao 层对象
        UserDao userDao =(UserDao) applicationContext.getBean ("myDao");
        userDao.insert ();
        // 从 Ioc 容器中获取 Service 层对象
        UserService userService = ( UserService ) applicationContext.
getBean ("myService");
        userService.add ();
    }
}
```

执行单元测试后，控制台输出结果如下。

```
UserDao insert
UserService add
UserDao insert
```

本示例所涉及的技术细节将在第 2 章中继续探讨。

1.6.5　案例小结

本节从项目和模块的创建入手，逐步展开讲解 Spring 入门案例的开发。首先，在模块中导入案例所需的依赖。接着，完成持久层和业务层的编码。这部分编码的最大不同在于，不再通过 new 方式创建对象，而是将对象的创建与管理交由 Spring 容器实现。因此，需要在 Spring 配置文件中配置 Bean 及其依赖关系。最后，在测试类中获取 Spring 容器，并从中获取各个 Bean。

1.7　本章总结

作为 Spring 框架的入门篇，本章主要介绍了 Spring 的诞生与发展过程、优势、体系结构及核心概念，并通过一个完整的案例详细讲解了其基本使用方法。本章的理论内容较多，实践内容相对偏少。对于理论部分，需要掌握和理解最基本的概念；对于实践部分，需要自己动手进行验证。

本章首先阐明了 Spring 框架设计思想 IoC，随后引入了 IoC 思想的实现方式 DI，最后通过案例讲解框架的具体应用。其实，我们在研究其他技术框架时，也可以参考这种学习模式，如图 1-11 所示。

```
                    ┌──────────┐      ┌──────────┐      ┌──────────┐
                    │ 设计思想  │ ───► │ 实现方式  │ ───► │ 具体应用  │
                    │ （理论）  │      │ （手段）  │      │ （实践）  │
                    └──────────┘      └──────────┘      └──────────┘
```

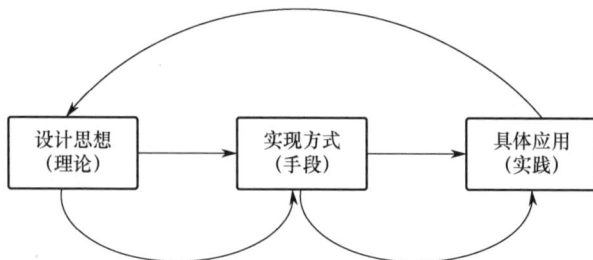

图 1-11　框架学习模式

　　在该模式中，首先理解框架的设计思想，然后学习该设计思想的实现方式，最后通过具体应用反推和验证之前的设计思想。在软件开发中，理论与实践密切相关，彼此依存、相互促进。这个过程包括从实践到认识，再从认识回到实践的两次飞跃，切勿脱离实际应用，陷入抽象的理论研究。

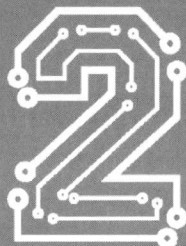

2

Bean 的管理与配置

　　Spring 支持 XML 配置、注解驱动及 Java 配置类三种装配 Bean 的方式。本章首先介绍 Spring 容器的初始化流程和 Bean 的生命周期，并在此基础上讨论各种装配方式的技术原理、实现细节和应用场景。本章还将从系统可维护性、架构扩展能力与部署灵活性等角度评估不同装配策略的适用性。

2.1 Spring 容器

Spring 容器负责对象的实例化、依赖注入，维护对象的依赖关系，并管理对象的生命周期，包括创建、初始化、使用和销毁等阶段。

Spring 框架提供了两种常见的容器：一种是基于 BeanFactory 接口的容器，另一种是基于 ApplicationContext 接口的容器。

2.1.1 BeanFactory 接口

BeanFactory 是 Spring 容器的顶层接口，提供基本的 IoC 功能。BeanFactory 是轻量化的，适用于资源有限的环境，例如移动设备或小型应用程序。BeanFactory 接口常用方法如表 2-1 所示。

表 2-1 BeanFactory 接口常用方法

方 法 名 称	用 途
Object getBean（String name）	根据名称获取 Bean 实例
<T> T getBean（String name, Class<T> requiredType）	根据名称和类型获取 Bean 实例
Object getBean（String name, Object... args）	根据名称和参数获取 Bean
<T> T getBean（Class<T> requiredType）	根据类型参数获取 Bean
boolean containsBean（String name）	检查容器中是否存在指定名称的 Bean
boolean isSingleton（String name）	根据名称检查 Bean 是否是单例的
boolean isPrototype（String name）	根据名称检查 Bean 是否是原型的
Class<?> getType（String name）	根据名称获取 Bean 的类型
String[] getAliases（String name）	获取 Bean 的所有别名

Spring 框架提供了 BeanFactory 接口的多个实现类，其中 XmlBeanFactory 最为常用。XmlBeanFactory 主要用于读取 XML 配置文件，并根据配置创建和管理 Bean 实例，示例代码如下。

```
BeanFactory beanFactory=new XmlBeanFactory（new FileSystemResource
("F: /applicationContext.xml"））;
```

通过以上代码可从 F 盘的 applicationContext.xml 文件中读取配置信息并创建 XmlBeanFactory 类型的容器。

XmlBeanFactory 属于 Spring 框架早期版本中用于从 XML 配置文件加载和管理 Bean 的类。目前，XmlBeanFactory 已被弃用，取而代之的是更强大且灵活的 ApplicationContext。

2.1.2　ApplicationContext 接口

ApplicationContext 是 BeanFactory 最重要的子接口，它通常被称为应用上下文。与 BeanFactory 相比，ApplicationContext 提供了更完善的上下文环境，支持国际化、事件传播、资源加载和 AOP 等功能。ApplicationContext 接口常用实现类如表 2-2 所示。

表 2-2　ApplicationContext 接口常用实现类

类　名　称	用　途
ClassPathXmlApplicationContext	从类路径中加载 XML 配置文件创建应用上下文
FileSystemXmlApplicationContext	从文件系统的指定路径加载 XML 配置文件创建应用上下文
AnnotationConfigApplicationContext	基于 Java 注解配置创建应用上下文
WebApplicationContext	为 Web 应用程序提供应用上下文

ApplicationContext 接口有多个实现类，每个实现类对应不同的应用场景和配置方式，开发人员可以根据实际需求进行选择。在普通 Java 项目中，可使用 ClassPathXmlApplicationContext 手动实例化 ApplicationContext 容器。在 Java-Web 项目中，项目由 Web 服务器启动。因此，在此类项目中，通常由 Web 服务器负责 ApplicationContext 容器的实例化。FileSystemXmlApplicationContext 使用系统绝对路径，降低了程序灵活性，因此很少被使用。AnnotationConfig-ApplicationContext 是 Spring 推荐的配置方式之一，适用于基于注解的配置环境。WebApplicationContext 专为 Web 应用提供上下文，该接口在继承基础容器功能的基础上，新增了与 Web 环境紧密相关的特性，如请求作用域与会话作用域。

2.1.3　获取 Bean 的常用方法

ApplicationContext 接口定义了多个从容器中获取 Bean 的方法，如表 2-3 所示。

表 2-3　ApplicationContext 接口获取 Bean 的常用方法

方 法 名	作 用
getBean（String name）	通过名称获取 Bean 实例
getBean（String name, Class<T> requiredType）	通过名称获取特定类型的 Bean 实例
getBean（Class<T> requiredType）	通过类型获取 Bean 实例

以上三个方法从容器获取 Bean 失败时将抛出异常。

2.2　Bean 的实例化

在 Java 项目开发过程中，无论是否使用框架，都必须先创建对象再使用对象。在 Spring 框架中，实例化 Bean 的常用方式有四种，分别是构造函数实例化 Bean、静态工厂实例化 Bean、实例工厂实例化 Bean 和 FactoryBean 实例化 Bean。

2.2.1　构造函数实例化 Bean

构造函数实例化 Bean 是指 Spring 容器通过调用类的构造函数实例化 Bean。接下来，通过一个案例详细介绍这种实例化方式。

首先，创建 UserDao 接口，代码如下。

```
public interface UserDao {
    void insert（）;
}
```

在 UserDao 接口中定义 insert 方法。

接下来，编写 UserDao 接口的实现类 UserDaoImpl，代码如下。

```
public class UserDaoImpl implements UserDao {
    // 构造函数
    public UserDaoImpl（）{
        System.out.println（"执行 UserDaoImpl 构造函数"）;
    }
    @Override
    public void insert（）{
        System.out.println（"UserDao insert"）;
    }
}
```

在该实现类中重写 UserDao 的 insert 方法。为了便于观察测试结果，在

UserDaoImpl 的无参构造函数中打印一行文本。

然后，在配置文件中配置 UserDaoImpl，代码如下。

```
<?xml version="1.0" encoding="UTF-8"?>
<beans 省略非核心代码>
    <!--测试构造函数实例化 Bean-->
    <!--配置 UserDaoImpl-->
    <bean id="userDao" class="com.cn.dao.impl.UserDaoImpl"></bean>
</beans>
```

完成以上配置后，在测试类 SpringTest 中从容器中获取 UserDaoImpl 实例，代码如下。

```
public class SpringTest {
    @Test
    public void testConstructorInstance () {
        // 省略非核心代码
        // 从 IoC 容器中获取 UserDaoImpl 实例
        UserDao userDao = ( UserDao ) applicationContext.getBean
("userDao");
        userDao.insert ();
    }
}
```

执行单元测试后控制台输出结果如下。

```
执行 UserDaoImpl 构造函数
UserDao insert
```

从测试结果可以看到，Spring 框架通过调用 UserDaoImpl 的构造函数成功实例化了对象，并通过该对象调用了相关方法。由于每个类都会提供一个默认的无参构造函数，因此在通过这种方式实例化 Bean 时，开发人员不需要执行额外的操作。

请读者思考，如果将类的构造函数的修饰符更改为 private，那么是否还能实现实例化？答案是肯定的。因为 Spring 框架的底层使用了反射技术来访问构造方法。

2.2.2　静态工厂实例化 Bean

静态工厂实例化 Bean 指通过调用静态方法创建 Bean 实例。接下来，通过一个案例详细介绍静态工厂方法的实例化过程。

首先，创建接口 BusDao，代码如下。

```
public interface BusDao {
```

```
    void delete ();
}
```

在 BusDao 中定义 delete 方法。

接下来，编写接口 BusDao 的实现类 BusDaoImpl，代码如下。

```
public class BusDaoImpl implements BusDao {
    @Override
    public void delete () {
        System.out.println ("BusDao delete");
    }
}
```

在该实现类中重写 BusDao 的 delete 方法。为了便于观察测试结果，在 delete 方法中打印一行文本。

然后，编写静态工厂类 BusDaoStaticFactory，代码如下。

```
public class BusDaoStaticFactory {
    public static BusDao createBusDao () {
        return new BusDaoImpl ();
    }
}
```

在该静态工厂类中定义静态方法 createBusDao，在该方法中创建 BusDaoImpl 类型的对象并返回。

完成静态工厂的编码后，在配置文件中配置 BusDao，代码如下。

```
<!--测试静态工厂实例化 Bean-->
<!--配置 BusDao-->
<bean id="busDao" class="com.cn.factory.BusDaoStaticFactory" factoryme-
thod="createBusDao"/>
```

<bean>标签中的 class 属性指向静态工厂类 BusDaoStaticFactory，factory-method 属性指向静态工厂类中的静态工厂方法 createBusDao。

完成以上配置后，在测试类 SpringTest 中从容器中获取 BusDaoImpl 实例，代码如下。

```
@Test
public void testStaticFactoryInstance () {
    // 省略非核心代码
    // 从 IoC 容器中获取 BusDaoImpl 实例
    BusDao busDao = (BusDao) applicationContext.getBean ("busDao");
    busDao.delete ();
}
```

执行单元测试后控制台输出结果如下。

```
BusDao delete
```

在使用静态工厂方法实例化 Bean 时，开发者无须创建工厂类的实例即可调用静态工厂方法，这在一定程度上简化了编码过程。但是，这种方法也引入了一些额外的复杂性，开发者需要编写和维护工厂类及其静态方法。如果工厂类包含多个静态工厂方法，并且每个方法返回不同类型的 Bean 实例，那么配置可能会变得复杂且难以管理。

2.2.3　实例工厂实例化 Bean

通过工厂实例创建 Bean 的方式被称为实例工厂实例化 Bean。在此方式中，需要首先创建工厂类的实例，然后通过该实例调用方法创建 Bean。接下来，通过一个案例详细介绍实例工厂实例化。

首先，创建接口 CustomerDao，代码如下。

```
public interface CustomerDao {
    void find ();
}
```

在 CustomerDao 中定义 find 方法。

接下来，编写接口 CustomerDao 的实现类 CustomerDaoImpl，代码如下。

```
public class CustomerDaoImpl implements CustomerDao {
    @Override
    public void find () {
        System.out.println ("CustomerDao find");
    }
}
```

在该实现类中重写 CustomerDao 的 find 方法。为了便于观察测试结果，在 find 方法中打印一行文本。

然后，编写实例工厂类 CustomerDaoInstanceFactory，代码如下。

```
public class CustomerDaoInstanceFactory {
    public CustomerDao createCustomerDao () {
        return new CustomerDaoImpl ();
    }
}
```

在该实例工厂类中定义实例方法 createCustomerDao，并在该方法中创建 CustomerDaoImpl 类型的对象且返回。

完成实例工厂的编码后，在配置文件中进行相关配置，代码如下。

```
<!--测试实例工厂实例化 Bean-->
<!--配置实例工厂-->
```

```
<bean id="customerDaoInstanceFactory" class="com.cn.factory.Cus-
tomerDaoInstanceFactory"/>
<!--配置 CustomerDao-->
<bean id="customerDao" factory-bean="customerDaoInstanceFactory"
factory-method="createCustomerDao"/>
```

在配置文件中，首先通过<bean>标签配置实例工厂 CustomerDaoInstance-Factory，然后配置 CustomerDao。在配置 CustomerDao 时使用<bean>标签的 factory-bean 属性指向实例工厂，并通过 factory-method 属性指定实例工厂的方法。

完成以上配置后，在测试类 SpringTest 中从容器中获取 CustomerDaoImpl 实例，代码如下。

```
@Test
public void testInstanceFactoryInstance () {
    // 省略非核心代码
    // 从 IoC 容器中获取 Dao 层实例
    CustomerDao customerDao = ( CustomerDao ) applicationContext.
getBean ("customerDao");
    customerDao.find () ;
}
```

执行单元测试后控制台输出结果如下。

```
CustomerDao find
```

实例工厂实例化 Bean，常用于需要使用非静态方法或依赖工厂类实例化 Bean 的场景。

2.2.4　FactoryBean 实例化 Bean

在实例工厂的实例化过程中，需要声明两个 Bean 才能实现实例化。为了简化配置，Spring 框架提供了 FactoryBean 接口实现 Bean 的实例化。FactoryBean 接口定义了创建对象的标准方式，包括返回对象实例的方法、定义对象的类型和标识对象是否为单例。FactoryBean 接口常用方法如表 2-4 所示。

表 2-4　FactoryBean 接口常用方法

方　法　名	作　　用
T getObject () throws Exception	返回 FactoryBean 创建的实例
Class<?> getObjectType ()	返回 FactoryBean 创建的实例的类型。通常情况下，该方法返回的类型应与 getObject 方法返回的对象的类型一致
boolean isSingleton ()	表示创建的实例是否为单例

通过实现 FactoryBean 接口，开发者可以控制 Bean 的创建过程，包括初始化、依赖注入和后置处理等。接下来，通过一个案例详细讲解 FactoryBean 的实例化过程。

首先，创建接口 DriverDao，代码如下。

```
public interface DriverDao {
    void update ();
}
```

在 DriverDao 中定义 update 方法。

接下来，编写接口 DriverDao 的实现类 DriverDaoImpl，代码如下。

```
public class DriverDaoImpl implements DriverDao {
    @Override
    public void update () {
        System.out.println ("DriverDao update");
    }
}
```

在该实现类中重写 DriverDao 的 update 方法。为了便于观察测试结果，在 update 方法中打印一行文本。

然后，编写工厂类 DriverDaoFactoryBean，代码如下。

```
public class DriverDaoFactoryBean implements FactoryBean<DriverDao> {
    @Override
    public DriverDao getObject () throws Exception {
        return new DriverDaoImpl ();
    }

    @Override
    public Class<?> getObjectType () {
        return DriverDao.class;
    }

    @Override
    public boolean isSingleton () {
        return true;
    }
}
```

工厂类 DriverDaoFactoryBean 实现了 FactoryBean 接口，并重写了该接口中的三个方法。getObject 方法创建并返回 DriverDaoImpl 类型的实例；getObjectType 方法返回实例的类型；isSingleton 方法返回 true，表示由 FactoryBean 创建的 Bean 实例是单例的。

完成 DriverDaoFactoryBean 的编码后，在配置文件中进行相应配置，代码如下。

```
<!--测试 FactoryBean 实例化 Bean-->
<!--配置 DriverDao-->
<bean id="driverDao" class="com.cn.factory.DriverDaoFactoryBean"/>
```

FactoryBean 实例化 Bean 常用于集成第三方库和自定义 Bean。例如，在 Spring 框架整合 MyBatis 的过程中，使用 SqlSessionFactoryBean 创建 SqlSessionFactory。

2.3 Bean 的装配概述

Bean 的装配指 Spring 容器通过依赖注入管理 Bean 之间的依赖关系。该过程涵盖了 Bean 的完整生命周期，包括实例化、依赖注入、初始化及最终的销毁。Spring 容器提供三种 Bean 装配方式，分别为基于 XML 装配 Bean、基于注解装配 Bean 和基于配置类装配 Bean。

2.4 基于 XML 装配 Bean

基于 XML 装配 Bean 是 Spring 框架的一种传统配置方式。在这种方式中，开发者使用 XML 配置文件定义 Bean，包括 Bean 的类名、唯一标识以及其他属性。

2.4.1 常用配置

<beans>标签包含多个<bean>子标签，每个<bean>子标签定义一个 Bean。下面，介绍 Bean 的常用配置。

1.<bean>标签常用属性

本节将介绍<bean>标签常用属性及其作用，如表 2-5 所示。

表 2-5 <bean>标签常用属性

属　　性	作　　用
id	Bean 的唯一标识符，供容器引用该 Bean。id 属性值在容器中必须唯一，否则容器启动时会抛出异常
class	告知 Spring 容器通过哪个类创建 Bean。该属性的值通常为类的全限定名
name	为 Bean 提供一个或多个名称。Spring 容器获取对象时，除了使用 id 还可以通过 name 引用 Bean
scope	设定 Bean 的作用域

scope 属性常用的值包括 singleton（单例）、prototype（原型）、request、session、global session、application 和 websocket 等。不同作用域决定了 Bean 在容器中的实例化策略、生命周期管理和共享行为。在这些作用域中最常用的是 singleton 和 prototype。为减少系统开销，避免频繁创建与销毁对象并实现 Bean 复用，scope 属性的默认值为 singleton，表示在整个容器中仅创建一个该 Bean 实例。与 singleton 相反，prototype 表示每次向 Spring 容器请求该 Bean 时，容器均会生成新的实例对象。

2．<bean>标签常用子标签

在<bean>标签中，除了基本的属性如 id、name、class 和 scope，还可以包含多个子标签，用于进一步配置 Bean 的构造函数参数、属性及生命周期。本节将介绍<bean>标签的常用子标签及其作用。

<constructor-arg>子标签用于指定构造函数的参数，它有四个常用属性，包括 index、type、value 和 ref。其中，index 用于指定参数在构造函数参数列表中的索引，其值从 0 开始；type 用于指定参数类型；value 用于设置参数的值。ref 用于引用其他 Bean 并将该 Bean 作为参数传递给构造函数。

<property>子标签用于设置属性值。在通常情况下，它通过与 Bean 中的 setter 方法联合使用来完成属性赋值。<property>子标签有三个常用属性，包括 name、ref 和 value。其中，name 用于指定 Bean 的属性名；value 用于设置属性的值；ref 用于指定引用的其他 Bean。除此以外，<property>还支持<array>、<list>、<set>、<map>和<props>等子标签，用于注入数组类型、List 类型、Set 类型、Map 类型和 Properties 类型的属性。

对于<bean>标签中常用子标签的实际应用，我们将在后续章节中详细介绍。

3．<bean>标签综合案例

了解<bean>标签的常用属性后，接下来通过综合案例介绍它们的具体用法。

首先，创建持久层接口 UserDao 及其实现类 UserDaoImpl、业务层接口 UserService 及其实现类 UserServiceImpl，并在该实现类中持有 UserDao。这部分代码与前面的入门案例完全一样，这里不再赘述。

然后，在配置文件中配置 Dao 层的 Bean 和 Service 层的 Bean，代码如下。

```
<!--测试 bean 标签的 id 属性和 name 属性-->
<!--配置 Dao 层的 Bean，为 bean 标签指定 id 属性和 name 属性的值-->
<bean id="myDao" name="dao" class="com.cn.dao.impl.UserDaoImpl">
</bean>
<!--配置 Service 层的 Bean，为 bean 标签指定 id 属性和 name 属性的值-->
```

```
<bean  id="myService"  name="service"  class="com.cn.service.impl.
UserServiceImpl">
     <!--配置 UserServiceImpl 中的 userDao 属性-->
     <property name="userDao" ref="myDao"></property>
</bean>
```

在以上配置中，为 Dao 层和 Service 层的 Bean 均设置了 id 属性和 name 属性。

接下来，在测试类 SpringTest 中进行相关测试，代码如下。

```
@Test
public void testBeanIdAndName（）{
    // 省略非核心代码
    // 依据 id 属性从 Ioc 容器中获取 Dao 层对象
    UserDao userDao1 =（UserDao）applicationContext.getBean（"myDao"）;
    userDao1.insert（）;
    // 依据 name 属性从 Ioc 容器中获取 Dao 层对象
    UserDao userDao2 =（UserDao）applicationContext.getBean（"dao"）;
    userDao2.insert（）;
    // 依据 id 属性从 Ioc 容器中获取 Service 层对象
    UserService userService1 =（UserService）applicationContext.
getBean（"myService"）;
    userService1.add（）;
    // 依据 name 属性从 Ioc 容器中获取 Service 层对象
    UserService userService2 =（UserService）applicationContext.
getBean（"service"）;
    userService2.add（）;
}
```

在单元测试中分别依据 id 和 name 获取 Dao 层对象和 Service 层对象。

执行单元测试后控制台输出结果如下。

```
UserDao insert
UserDao insert
UserService add
UserDao insert
UserService add
UserDao insert
```

从输出结果可以看出，只需在配置文件的<bean>标签中为 id 和 name 属性赋值，就可以根据这些属性从容器中获取对象。

为了测试<bean>标签的 scope 属性，在配置文件中配置另一个 Dao 层

Bean，代码如下。

```
<!--测试 bean 标签的 scope 属性-->
<!--为 bean 标签指定 scope 属性的值为 singleton 或 prototype-->
<bean id="myUserDao" class="com.cn.dao.impl.UserDaoImpl" scope=
"singleton"></bean>
```

接下来，在测试类 SpringTest 中进行相关测试，代码如下。

```
@Test
public void testScope () {
    // 省略非核心代码
    // 第 1 次从 Ioc 容器中获取 Dao 层对象
    UserDao userDao1 = ( UserDao ) applicationContext.getBean
("myUserDao");
    System.out.println (userDao1);
    // 第 2 次从 Ioc 容器中获取 Dao 层对象
    UserDao userDao2 = ( UserDao ) applicationContext.getBean
("myUserDao");
    System.out.println (userDao2);
}
```

在单元测试中连续两次依据同一个 id 值获取 Dao 层对象。当配置文件中 <bean> 的 scope 属性值为 singleton 时，执行单元测试后控制台的输出结果如下。

```
com.cn.dao.impl.UserDaoImpl@692f203f
com.cn.dao.impl.UserDaoImpl@692f203f
```

当配置文件中 <bean> 标签的 scope 属性值为 prototype 时，执行单元测试后控制台的输出结果如下。

```
com.cn.dao.impl.UserDaoImpl@692f203f
com.cn.dao.impl.UserDaoImpl@48f2bd5b
```

从两次单元测试的输出结果可以看出，对于相同 id 的 <bean> 标签，当其 scope 属性值为 singleton 时，从容器中获取的始终是同一个对象；而当 <bean> 标签的 scope 属性值为 prototype 时，获取到的是不同的对象。

2.4.2 设值注入

Spring 容器提供了三种基于 XML 的装配方式，即设值注入、构造注入和自动装配。首先，介绍设值注入。

设值注入又被称为 setter 注入，它通过调用 setter 方法实现依赖注入。此方式要求目标类必须提供默认的无参构造函数，并为每个属性提供相应的 setter 方法。

1. 注入简单类型数据

在 Spring 配置文件中通过<property>标签的 name 属性和 value 属性实现简单类型数据（Java 基本数据类型和字符串）的注入。通过设值注入方式注入简单类型数据的具体应用，请参见以下示例。

首先，定义持久层接口 CityDao，代码如下。

```
public interface CityDao {
    void insert ();
}
```

在该接口中定义 insert 方法。

然后，定义 CityDao 的实现类 CityDaoImpl，代码如下。

```
public class CityDaoImpl implements CityDao {
    private String driverClassName;
    private String url;
    private int maxPoolSize;

    public CityDaoImpl () {}

    public void setDriverClassName (String driverClassName) {
        this.driverClassName = driverClassName;
    }

    public void setUrl (String url) {
        this.url = url;
    }

    public void setMaxPoolSize (int maxPoolSize) {
        this.maxPoolSize = maxPoolSize;
    }

    @Override
    public void insert () {
        System.out.println ("UserDao insert");
        System.out.println
( "driverClassName="+driverClassName+",url="+url+",maxPoolSize="+max
PoolSize);
    }

}
```

该实现类中有 String 类型的 driverClassName、url 和 int 类型的 maxPoolSize

这三个属性及其对应的 setter 方法。该实现类重写了接口中的 insert 方法用于打印各属性的值。

接下来，在配置文件中配置 Bean，代码如下。

```
<!--设值注入测试1: 注入简单类型数据-->
<bean id="cityDao" class="com.cn.dao.impl.CityDaoImpl">
    <property name="driverClassName" value="com.mysql.jdbc.Driver"/>
    <property name="url" value="jdbc:mysql://localhost:3306/mydb"/>
    <property name="maxPoolSize" value="100"/>
</bean>
```

在该配置中利用<property>子标签分别为 Bean 的 driverClassName 属性、url 属性和 maxPoolSize 属性注入值。

最后，在测试类 SpringTest 中进行相关测试，代码如下。

```
@Test
public void testSetterDIBasic(){
    // 省略非核心代码
    // 从 Ioc 容器中获取 Dao 层对象
    CityDao cityDao = (CityDao) applicationContext.getBean
("cityDao");
    cityDao.insert();
}
```

执行单元测试后，控制台的输出结果如下。

```
driverClassName=com.mysql.jdbc.Driver,url=jdbc:mysql://localhost
:3306/mydb,maxPoolSize=100
```

从输出结果可以看出，通过设值注入成功地为 CityDaoImpl 类型的对象注入了简单类型数据。

类似地，也可以通过这种方式在容器中配置第三方 Bean，例如数据库连接池 DruidDataSource，代码如下。

```
<bean id="druidDataSource" class="com.alibaba.druid.pool.Druid-
DataSource">
    <property name="driverClassName" value="com.mysql.jdbc.Driver"/>
    <property name="url" value="jdbc:mysql://***localhost:3306/
mydb}"/>
    <property name="username" value="root"/>
    <property name="password" value="root"/>
</bean>
```

在项目中添加 DruidDataSource 依赖后通过<bean>标签创建实例并利用 property 属性配置数据库连接池的常用配置，例如驱动、用户名和密码等。完成以上配置后在测试类中使用 applicationContext.getBean（"druidDataSource"）获取实例。

请读者思考一个问题：在此示例中，把数据库的连接信息硬编码在了<bean>标签中会引发什么问题，又应该如何优化？请读者先行思考，我们会在 2.6.4 节中提出相应的解决方案。

2. 注入引用类型数据

在 Spring 配置文件中，可以通过<property>标签的 name 属性和 ref 属性实现引用类型数据的注入。关于通过设值注入的方式注入引用类型数据的具体应用，请参见如下示例。

首先，定义持久层接口 StudentDao 和 TeacherDao，代码如下。

```java
public interface StudentDao {
    void delete ();
}


public interface TeacherDao {
    void insert ();
}
```

在接口 StudentDao 中定义 delete 方法，在接口 TeacherDao 中定义 insert 方法。

然后，定义 StudentDao 的实现类 StudentDaoImpl 和 TeacherDao 的实现类 TeacherDaoImpl，代码如下。

```java
public class StudentDaoImpl implements StudentDao {
    @Override
    public void delete () {
        System.out.println ("StudentDao delete");
    }
}


public class TeacherDaoImpl implements TeacherDao {
    @Override
    public void insert () {
        System.out.println ("TeacherDao insert");
    }
}
```

以上两个接口实现类均实现接口中的方法并在方法中打印一行文本。

紧接着，创建业务层接口 SchoolService，代码如下。

```
public interface SchoolService {
    void teach () ;
}
```

在该接口中定义了 teach 方法。

然后，定义 SchoolService 接口的实现类 SchoolServiceImpl，代码如下。

```
public class SchoolServiceImpl implements SchoolService {
    private TeacherDao teacherDao;
    private StudentDao studentDao;

    public SchoolServiceImpl () {}

    public void setTeacherDao (TeacherDao teacherDao) {
        this.teacherDao = teacherDao;
    }

    public void setStudentDao (StudentDao studentDao) {
        this.studentDao = studentDao;
    }

    @Override
    public void teach () {
        System.out.println ("SchoolService teach");
        teacherDao.insert () ;
        studentDao.delete () ;
    }
}
```

该实现类中有两个引用类的属性，即 StudentDao 类型的 studentDao 和 TeacherDao 类型的 teacherDao。与之前类似，该类中实现了接口的 teach 方法并为每个属性提供了对应的 setter 方法。

接下来，在配置文件中配置 Bean，代码如下。

```
<!--设值注入测试 2：注入引用类型数据-->
<!--配置 StudentDao-->
<bean id="myStudentDao" class="com.cn.dao.impl.StudentDaoImpl"/>
<!--配置 TeacherDao-->
<bean id="myTeacherDao" class="com.cn.dao.impl.TeacherDaoImpl"/>
<!--配置 SchoolService-->
<bean id="schoolService" class="com.cn.service.impl.SchoolServ-
iceImpl">
    <property name="studentDao" ref="myStudentDao"/>
```

```
    <property name="teacherDao" ref="myTeacherDao"/>
</bean>
```

在该配置中，首先，配置 StudentDao 类型的 Bean 和 TeacherDao 类型的 Bean。接着，配置 SchoolService 类型的 Bean。在此配置中，利用<property>的 ref 属性指向之前配置的两个 Bean，为 SchoolServiceImpl 中的引用类型属性注入值。

最后，在测试类 SpringTest 中进行相关测试，代码如下。

```
@Test
public void testSetterDIReference () {
    // 省略非核心代码
    // 从 Ioc 容器中获取 Service 层对象
    SchoolService schoolService = (SchoolService) application-
Context.getBean ("schoolService");
    schoolService.teach ();
}
```

执行单元测试后，控制台的输出结果如下。

```
SchoolService teach
TeacherDao insert
StudentDao delete
```

从输出结果可以看出，通过设值注入成功地为 SchoolServiceImpl 类型的对象注入了引用类型数据。

3. 注入集合类型数据

除了注入简单数据类型和引用数据类型，设值注入还支持集合类型数据的注入。关于通过设值注入的方式注入集合类型数据的具体应用，请参见如下示例。

首先，定义持久层接口 GoodsDao，代码如下。

```
public interface GoodsDao {
    void query ();
}
```

在该接口中定义 query 方法。

然后，定义 GoodsDao 的实现类 GoodsDaoImpl，代码如下。

```
public class GoodsDaoImpl implements GoodsDao {
    private int[] myArray;
    private List<String> myList;
    private Set<String> mySet;
    private Map<String,String> myMap;
    private Properties myProperties;
```

```java
public GoodsDaoImpl () {}

public void setMyArray (int[] myArray) {
    this.myArray = myArray;
}

public void setMyList (List<String> myList) {
    this.myList = myList;
}

public void setMySet (Set<String> mySet) {
    this.mySet = mySet;
}

public void setMyMap (Map<String, String> myMap) {
    this.myMap = myMap;
}

public void setMyProperties (Properties myProperties) {
    this.myProperties = myProperties;
}

@Override
public void query () {
    System.out.println ("GoodsDao query");
    System.out.println ("打印数组: " + Arrays.toString (myArray));
    System.out.println ("打印 List: " + myList);
    System.out.println ("打印 Set: " + mySet);
    System.out.println ("打印 Map: " + myMap);
    System.out.println ("打印 Properties: " + myProperties);
}
}
```

实现类 GoodsDaoImpl 中包含了多个集合类型的属性，例如 int 类型的数组 myArray、List 类型的 myList、Set 类型的 mySet、Map 类型的 myMap 和 Properties 类型的 myProperties。与之前类似，GoodsDaoImpl 为各属性提供了 setter 方法。

接下来，在配置文件中配置 Bean，代码如下。

```xml
<!--设值注入测试 3：注入集合类型数据-->
<!--配置 GoodsDao-->
```

```xml
<bean id="goodsDao" class="com.cn.dao.impl.GoodsDaoImpl">
    <property name="myArray">
        <array>
            <value>2</value>
            <value>4</value>
            <value>8</value>
        </array>
    </property>
    <property name="myList">
        <list>
            <value>hello</value>
            <value>world</value>
            <value>book</value>
            <value>desk</value>
        </list>
    </property>
    <property name="mySet">
        <set>
            <value>how</value>
            <value>old</value>
            <value>are</value>
            <value>you</value>
        </set>
    </property>
    <property name="myMap">
        <map>
            <entry key="李白" value="诗仙"/>
            <entry key="杜甫" value="诗圣"/>
            <entry key="王维" value="诗佛"/>
        </map>
    </property>
    <property name="myProperties">
        <props>
            <prop key="西施">春秋</prop>
            <prop key="王昭君">西汉</prop>
            <prop key="貂蝉">东汉</prop>
            <prop key="杨玉环">唐朝</prop>
        </props>
    </property>
</bean>
```

在上述配置中利用 property 中的<array>子标签、<list>子标签、<set>子标签、\<map>子标签和\<props>子标签分别为 GoodsDaoImpl 中的数组、List、Set、Map 和 Properties 等集合属性注入值。

最后，在测试类 SpringTest 中进行相关测试，代码如下。

```
//设值注入测试 3：注入集合类型数据
@Test
public void testSetterDICollection () {
    // 省略非核心代码
    // 从 Ioc 容器中获取 Dao 层对象
    GoodsDao  goodsDao = ( GoodsDao ) applicationContext.getBean
("goodsDao");
    goodsDao.query ();
}
```

执行单元测试后，控制台输出结果如下。

```
GoodsDao query
打印数组：[2, 4, 8]
打印 List: [hello, world, book, desk]
打印 Set: [how, old, are, you]
打印 Map: {李白=诗仙, 杜甫=诗圣, 王维=诗佛}
打印 Properties: {西施=春秋, 王昭君=西汉, 貂蝉=东汉, 杨玉环=唐朝}
```

从测试结果可以看出，通过设值注入成功地为 GoodsDaoImpl 类型的对象注入了多种集合类型的数据。

2.4.3　构造注入

构造注入又称构造函数注入，它利用类的有参构造函数注入依赖。在 XML 配置文件中，使用\<bean>标签及其子标签\<constructor-arg>实现构造注入。

1. 注入简单类型数据

在 Spring 配置文件中，通过\<constructor-arg>子标签的 name 和 value 属性注入简单类型的数据，示例如下。

首先，定义持久层接口 UserDao，代码如下。

```
public interface UserDao {
    void insert ();
}
```

在该接口中定义 insert 方法。

然后，定义 UserDao 的实现类 UserDaoImpl，代码如下。

```
public class UserDaoImpl implements UserDao {
    private String driverClassName;
```

```java
    private String url;
    private int maxPoolSize;

    // 有参构造函数
    public UserDaoImpl (String driverClassName, String url, int
maxPoolSize){
        this.driverClassName = driverClassName;
        this.url = url;
        this.maxPoolSize = maxPoolSize;
    }

    @Override
    public void insert () {
        System.out.println ("UserDao insert");
        System.out.println
 ("driverClassName="+driverClassName+",url="+url+",maxPoolSize="+max
PoolSize);
    }
}
```

该实现类包含 driverClassName、url 和 maxPoolSize 三个属性。为了实现构造注入，该类提供了有参构造函数以便在创建对象的同时为属性赋值。

接下来，在配置文件中配置 Bean，代码如下。

```xml
<!--构造注入测试1：注入简单类型数据-->
<!--配置 UserDao-->
<bean id="userDao" class="com.cn.dao.impl.UserDaoImpl">
    <constructor-arg name="driverClassName" value="com.mysql.jdbc.
Driver"/>
    <constructor-arg  name="url"  value="jdbc:mysql://localhost:
3306/mydb"/>
    <constructor-arg name="maxPoolSize" value="100"/>
</bean>
```

在该配置中利用<constructor-arg>子标签通过构造函数为 Bean 的 driverClass-Name 属性、url 属性和 maxPoolSize 属性注入值。

最后，在测试类 SpringTest 中进行相关测试，代码如下。

```java
@Test
public void testConstructorDIBasic () {
    // 省略非核心代码
    // 从 Ioc 容器中获取 Dao 层对象
    UserDao  userDao = ( UserDao ) applicationContext.getBean
```

```
("userDao");
    userDao.insert ();
  }
```

执行单元测试后，控制台的输出结果如下。

```
UserDao insert
driverClassName=com.mysql.jdbc.Driver,url=jdbc:mysql://localhost:
3306/mydb,maxPoolSize=100
```

从测试结果可以看出，通过<constructor-arg>标签成功地为 UserDaoImpl 类型的对象注入了简单类型数据。

2. 注入引用类型数据

在 Spring 配置文件中，通过<constructor-arg>标签的 name 属性和 ref 属性实现引用类型数据的注入，示例如下。

首先，定义持久层接口 BusDao 和 DriverDao，代码如下。

```
public interface BusDao {
    void delete ();
}


public interface DriverDao {
    void update ();
}
```

在 BusDao 中定义 delete 方法，在 DriverDao 中定义 update 方法。

然后，定义 BusDao 的实现类 BusDaoImpl 和 DriverDao 的实现类 Driver-DaoImpl，代码如下。

```
public class BusDaoImpl implements BusDao {
    @Override
    public void delete () {
        System.out.println ("BusDao delete");
    }
}


public class DriverDaoImpl implements DriverDao {
    @Override
    public void update () {
        System.out.println ("DriverDao update");
    }
}
```

以上两个实现类均实现接口中的方法并在方法中打印一行文本。

紧接着，创建业务层接口 CustomerService，代码如下。

```
public interface CustomerService {
    void travel ();
}
```

在该接口中定义了 travel 方法。

然后，定义 CustomerService 的实现类 CustomerServiceImpl，代码如下。

```
public class CustomerServiceImpl implements CustomerService {
    private BusDao busDao;
    private DriverDao driverDao;

    // 有参构造函数
    public CustomerServiceImpl (BusDao busDao, DriverDao driverDao) {
        this.busDao = busDao;
        this.driverDao = driverDao;
    }

    @Override
    public void travel () {
        System.out.println ("CustomerService travel");
        busDao.delete ();
        driverDao.update ();
    }
}
```

该实现类中有两个引用类的属性，即 BusDao 类型的 busDao 和 DriverDao 类型的 driverDao。与之前类似，该类提供有参构造函数以便在创建对象的同时为属性赋值。

接下来，在配置文件中配置 Bean，代码如下。

```
<!--构造注入测试 2：注入引用类型数据-->
<!--配置 BusDao-->
<bean id="myBusDao" class="com.cn.dao.impl.BusDaoImpl"/>
<!--配置 DriverDao-->
<bean id="myDriverDao" class="com.cn.dao.impl.DriverDaoImpl"/>
<!--配置 CustomerService-->
<bean id="customerService" class="com.cn.service.impl.Customer-
ServiceImpl">
    <constructor-arg name="busDao" ref="myBusDao"/>
    <constructor-arg name="driverDao" ref="myDriverDao"/>
</bean>
```

该配置中首先配置 BusDao 类型的 Bean 和 DriverDao 类型的 Bean。然后，配置 CustomerService 类型的 Bean。在该配置中利用<constructor-arg>子标签为 Bean 中的 busDao 属性和 driverDao 属性注入值。

最后，在测试类 SpringTest 中进行相关测试，代码如下。

```
@Test
public void testConstructorDIReference () {
    // 省略非核心代码
    // 从 Ioc 容器中获取 Service 层对象
    CustomerService customerService = (CustomerService) application-
Context.getBean ("customerService");
    customerService.travel ();
}
```

执行单元测试后，控制台的输出结果如下。

```
CustomerService travel
BusDao delete
DriverDao update
```

从输出结果可以看出，通过<constructor-arg>子标签成功地为 Customer-ServiceImpl 类型的对象注入了引用类型数据。

2.4.4　自动装配

在 Spring 框架中，可以通过<bean>标签的 autowire 属性启用自动装配功能。在此情况下，Spring 自动将 Bean 的依赖项注入相应的属性或构造函数参数中。autowire 属性的常用值为 byName 和 byType，它们各自的作用如下。

byName 用于根据属性名进行自动装配。Spring 容器会将属性名与容器中 Bean 的 id 或 name 值进行比较，若某个 Bean 的 id 或 name 值与类的属性名完全一致，则将该 Bean 注入类中。如果找不到匹配的 Bean，或者存在多个相同 id 或 name 的 Bean，那么将引发异常导致装配失败。因此，使用 byName 自动装配时，需要确保 Bean 的命名规范和一致性。

byType 用于根据属性类型进行自动装配。Spring 容器会将属性的类型与容器中 Bean 的 class 值进行比较，若某个 Bean 的 class 值与属性的类型匹配，则将该 Bean 注入类中。

接下来，通过具体案例介绍它们的使用方法。

1. 使用 byType 自动装配

首先，定义持久层接口 UserDao，代码如下。

```
public interface UserDao {
```

```
void insert ();
}
```

该接口中定义了 insert 方法。

接下来，定义 UserDao 的实现类 UserDaoImpl，代码如下。

```
public class UserDaoImpl implements UserDao {
    @Override
    public void insert () {
        System.out.println ("UserDao insert");
    }
}
```

该实现类实现了接口中的 insert 方法，并打印一行文本便于观察测试。

然后，定义业务层接口 UserService，代码如下。

```
public interface UserService {
    void add ();
}
```

该接口中定义了 add 方法。

接下来，定义 UserService 的实现类 UserServiceImpl，代码如下。

```
public class UserServiceImpl implements UserService {
    private UserDao userDao;

    public void setUserDao (UserDao userDao) {
        this.userDao = userDao;
    }

    @Override
    public void add () {
        System.out.println ("UserService add");
        userDao.insert ();
    }
}
```

该实现类持有持久层 UserDao 类型的属性 userDao 并为该属性提供了 setter 方法。在稍后的编码中将利用 byType 通过自动装配为该属性注入值。

在完成持久层和业务层的开发后，在配置文件中配置 Bean，代码如下。

```
<!--autowire 装配测试 1：依据类型自动装配-->
<!--配置 UserDao-->
<bean id="userDao" class="com.cn.dao.impl.UserDaoImpl"/>
<!--依据类型自动装配 UserService-->
<bean id="userService" class="com.cn.service.impl.UserServiceImpl"
autowire="byType"/>
```

该配置中定义了 userDao 和 userService 两个 Bean。在 userService 中，将其 autowire 属性的值设置为 byType，表示根据 UserServiceImpl 属性的类型进行自动装配。当程序运行时，Spring 框架检测到 UserServiceImpl 中有一个 UserDao 类型的属性需要注入。此时，Spring 框架查找与 UserDao 类型匹配的 Bean，并将其注入 UserServiceImpl 中的对应属性。

最后，在测试类 SpringTest 中进行相关测试，代码如下。

```
@Test
public void testAutowireByType () {
// 省略非核心代码
// 从 Ioc 容器中获取 Service 层对象
    UserService userService = ( UserService ) applicationContext.
getBean ("userService");
    userService.add ();
}
```

执行单元测试后，控制台的输出结果如下。

```
UserService add
UserDao insert
```

2. 使用 byName 自动装配

与验证 byTpye 的案例类似，首先定义持久层接口 BusDao 及其实现类 BusDaoImpl，代码如下。

```
public interface BusDao {
    void delete ();
}


public class BusDaoImpl implements BusDao {
    @Override
    public void delete () {
        System.out.println ("BusDao delete");
    }
}
```

该实现类实现了接口中的 delete 方法并打印一行文本便于观察测试。

然后，定义业务层接口 BusService 及其实现类 BusServiceImpl，代码如下。

```
public interface BusService {
    void remove ();
}
```

```
public class BusServiceImpl implements BusService {
    private BusDao myBusDao;

    public void setMyBusDao (BusDao myBusDao) {
        this.myBusDao = myBusDao;
    }

    @Override
    public void remove () {
        System.out.println ("BusService remove");
        myBusDao.delete ();
    }
}
```

该实现类中持有持久层 BusDao 类型的属性 myBusDao，并为该属性提供了 setter 方法。在稍后的编码中将利用 byName 通过自动装配为该属性注入值。

在完成持久层和业务层的开发后，在配置文件中配置 Bean，代码如下。

```
<!--autowire 装配测试 2：依据类型名称装配-->
<!--配置 BusDao-->
<bean id="myBusDao" class="com.cn.dao.impl.BusDaoImpl"/>
<!--依据名称自动装配 BusService-->
<bean id="busService" class="com.cn.service.impl.BusServiceImpl"
autowire="byName"/>
```

在此配置中，定义了 myBusDao 和 busService 这两个 Bean。在 busService 中，将 autowire 属性设置为 byName，表示根据 BusServiceImpl 的属性名进行自动装配。当程序运行时，Spring 框架会检测到 BusServiceImpl 中有一个名为 myBusDao 的属性需要注入值。在此情况下，Spring 框架会查找 id 或 name 属性值为 myBusDao 的 Bean，并将其注入 BusServiceImpl 中对应的属性。

最后，在测试类 SpringTest 中进行相关测试，代码如下。

```
@Test
public void testAutowireByName () {
    // 省略非核心代码
    // 从 Ioc 容器中获取 Service 层对象
    BusService busService = (BusService) applicationContext.
getBean ("busService");
    busService.remove ();
}
```

执行单元测试后，控制台的输出结果如下。

```
BusService remove
BusDao delete
```

2.5　基于注解装配 Bean

从本书第 1 章开始，所有案例均采用了基于 XML 的方式装配 Bean。从这些案例中可以明显地发现这种配置方式的诸多弊端。首先，配置复杂度高，需要手动编写和维护大量的 XML 配置信息，尤其是在大型项目中，XML 配置文件可能变得难以管理。其次，手动编写 XML 代码极易出错，容易引发运行时错误。再者，代码结构变化时需同步更新 XML 配置文件。最后，需要频繁地在多个 XML 文件间切换以厘清 Bean 之间的依赖关系。

随着开发框架的不断发展，基于 XML 的配置逐渐减少。尤其是随着 Spring-Boot 的兴起，基于注解和配置类的配置方式日益流行。这些技术极大地简化了传统配置流程，代码结构也更清晰直观。

2.5.1　常用注解

在正式使用注解装配 Bean 之前，首先需要熟悉并掌握 Spring 开发中的常用注解。

1. @Component 注解

@Component 注解及其子注解的作用等同于 XML 配置方式中的<bean>标签。@Component 注解是一个通用注解，可用于标注任何需要被 Spring 管理的类。为更加清晰地表述组件的用途，建议使用@Component 子注解，例如 @Controller、@Service、@Repository 和@Configuration 等注解。

2. @Controller 注解

@Controller 注解通常被应用于控制层，将控制层的类标记并注册为 Spring 容器中的 Bean。

在类上使用@Controller 注解等效于在 Spring 配置文件中通过<bean>标签配置 Bean。在默认情况下，该 Bean 的 id 属性为类首字母小写的类名，class 属性为类的全限定名，示例代码如下。

```
@Controller
public class UserController {
}
```

在控制层 UserController 上使用@Controller 注解等效于配置文件中的如下配置。

```
<bean id="userController " class="cn.com.controller.UserController" />
```

在使用@Controller 注解时，可通过其 value 属性明确指定 Bean 的名称从而覆盖默认的 id 属性值，示例代码如下。

```
@Controller（value="myUserController"）
public class UserController {


}
```

在控制层 UserController 上使用@Controller 注解的 value 属性为该 Bean 指定名称，等效于配置文件中的如下配置。

```
<bean  id="myUserController"  class="cn.com.controller.UserContr-
oller" />
```

3．@Service 注解

@Service 注解通常被应用于业务层，将业务层的类标记并注册为 Spring 容器中的 Bean。@Service 注解的使用方式和特点与@Controller 注解高度相似，此处不再赘述。

4．@Repository 注解

@Repository 注解通常被应用于持久层，将持久层的类标记并注册为 Spring 容器中的 Bean。@Repository 注解的使用方式和特点与@Controller 注解高度相似，此处不再赘述。

5．@Value 注解

@Value 注解用于为属性注入简单数据类型。它等效于<property>标签的配置，示例如下。

```
@Repository
public class GoodsDaoImpl implements GoodsDao {
    @Value（"谷哥的小弟"）
    private String name;
    @Value（"9527"）
    private int number;
    // 省略非核心代码
}
```

在 GoodsDaoImpl 中通过@Vaule 注解为类的 name 属性和 number 属性注入值。

在项目开发中还经常使用@Value 注解将外部配置文件中的数据注入 Bean 的

属性。

　　首先，在 resources 目录下创建配置文件 system.properties，并在该文件中配置如下信息。

```
country=China
capital=BeiJing
```

　　然后，在 Spring 配置文件中通过<context:property-placeholder>标签将外部文件引入 Spring 环境中，代码如下。

```
<?xml version="1.0" encoding="UTF-8"?>
<beans xmlns="http://***www.springframework.org/schema/beans"
       xmlns:xsi="http://***www.w3.org/2001/XMLSchema-instance"
       xmlns:context="http://***www.springframework.org/schema/context"
       xsi:schemaLocation="http://***www.springframework.org/schema/beans
       http://***www.springframework.org/schema/beans/spring-
beans.xsd
       http://***www.springframework.org/schema/context

       https://***www.springframework.org/schema/context/spring-
context.xsd">
    <!-- 引入外部配置文件-->
    <context:property-placeholder location="system.properties" />
</beans>
```

　　最后，利用@Value 注解为属性注入值，代码如下。

```
@Repository
public class GoodsDaoImpl implements GoodsDao {
    @Value ("谷哥的小弟")
    private String name;
    @Value ("9527")
    private int number;
    @Value ("${country}")
    private String location;
    @Value ("${capital}")
    private String city;
    // 省略非核心代码
}
```

6. @Qualifier 注解

@Qualifier 注解通常与@Autowired 注解配合使用，用于指定特定的 Bean。

7. @Autowired 注解

@Autowired 注解用于注入引用类型数据。使用@Autowired 注解时，Spring

容器会自动查找并注入与所需类型匹配的 Bean。在默认情况下，@Autowired 注解按照类型自动装配。此时，要求 Spring 容器中有且仅有一个合适的 Bean 为其赋值。如果项目中有多个 Bean 可以赋值，则会发生错误。为避免此类错误，可结合@Qualifier 注解明确指定 Bean 的名称。

接下来，通过案例详细介绍@Autowired 注解的主要应用场景。

@Autowired 注解应用场景 1：字段注入

首先，定义持久层接口 UserDao 的实现类 UserDaoImplByJDBC，代码如下。

```
@Repository
public class UserDaoImplByJDBC implements UserDao {
    // 省略非核心代码
}
```

然后，定义 UserService 的实现类 UserServiceImpl。在该类中通过@Autowired 注解对 UserDao 类型的字段 userDao 实现自动注入，代码如下。

```
@Service
public class UserServiceImpl implements UserService {
    @Autowired
    private UserDao userDao;
    // 无须 setter 方法
}
```

当 Spring 框架实例化 UserServiceImpl 时为 userDao 自动注入值。

现在，新增一个持久层接口 UserDao 的实现类 UserDaoImplByMyBatis，代码如下。

```
@Repository
public class UserDaoImplByMyBatis implements UserDao {
    // 省略非核心代码
}
```

当前系统中存在两个 UserDao 类型的实例，即 UserDaoImplByJDBC 类型的实例和 UserDaoImplByMyBatis 类型的实例。所以，Spring 框架无法确定对于UserServiceImpl 类中 userDao 字段究竟应该采用哪个实例实现注入，从而发生错误。因此，可利用@Qualifier 注解进行明确的指定，代码如下。

```
@Service
public class UserServiceImpl implements UserService {
    @Autowired
    @Qualifier(value="userDaoImplByJDBC")
    private UserDao userDao;
```

```
    // 省略非核心代码
}
```

在完善后的代码中，利用@Qualifier 注解指定将类型为 UserDao 且名称为 userDaoImplByJDBC 的 Bean 自动注入 userDao 字段。

@Autowired 注解应用场景 2：构造器注入

当@Autowired 注解用于构造器时，Spring 会在创建 Bean 实例时自动调用该构造器，并为其参数注入对应类型的实例，请看如下示例。

```
@Service
public class DriverServiceImpl implements DriverService {
    private DriverDao driverDao;

    @Autowired
    public DriverServiceImpl (DriverDao driverDao){
        this.driverDao = driverDao;
    }
    // 省略非核心代码
}
```

在 DriverServiceImpl 的构造函数上使用了@Autowired 注解，Spring 在创建 UserService 实例时会自动查找与 DriverDao 匹配的 Bean，并通过构造函数将其注入 DriverServiceImpl 中的 driverDao 字段。在此情况下，也可以把@Autowired 注解应用于构造函数的形参，实现相同的效果，代码如下。

```
@Service
public class DriverServiceImpl implements DriverService {
    private DriverDao driverDao;
    public DriverServiceImpl (@Autowired DriverDao driverDao){
        this.driverDao = driverDao;
    }
    // 省略非核心代码
}
```

以上用法与构造器注入非常类似，这里不再赘述。

@Autowired 注解应用场景 3：setter 方法注入

当@Autowired 注解用于 setter 方法时，Spring 会在创建 Bean 实例时自动调用该 setter 方法，并为其参数注入对应类型的实例，请看如下示例。

```
@Service
public class CustomerServiceImpl implements CustomerService {
    private GoodsDao goodsDao;
```

```
@Autowired
public void setGoodsDao (GoodsDao goodsDao) {
    this.goodsDao = goodsDao;
}
// 省略非核心代码
}
```

在 CustomerServiceImpl 中定义了一个 GoodsDao 类型的字段 goodsDao，并为其提供了对应的 setter 方法。在该 setter 方法上使用了@Autowired 注解，Spring 在创建 CustomerServiceImpl 实例时会自动调用该方法并完成 goodsDao 的注入。

@Autowired 注解应用场景 4：@Bean 注解注入

关于@Autowired 注解在@Bean 注解上的应用，将在后续章节中介绍。从本质上来说，它和应用场景 1 是一样的，都是字段注入。

8. @Resource 注解

就功能而言，@Resource 注解与@Autowired 注解基本相同，都用于自动装配。@Resource 注解使用 name 和 type 两个属性控制装配过程。当使用 name 属性时，@Resource 注解优先根据 Bean 的名称进行装配；如果未找到与 name 属性值匹配的 Bean，那么装配过程将失败。当使用 type 属性时，@Resource 注解会按照 Bean 的类型进行装配，若失败再按名称装配。关于@Resource 注解的使用请看如下示例。

```
@Service
public class BusServiceImpl implements BusService {
    @Resource (name = "busDaoImpl")
    private BusDao busDao;
    // 省略非核心代码
}
```

在以上代码中，利用@Resource 注解的 name 属性指定将名为 busDaoImpl 的 Bean 注入 busDao 字段。

尽管@Resource 注解与@Autowired 注解功能相似，但二者仍存在一些差别。@Resource 注解源自 JSR-250 规范，是 Java 的标准注解，因此即使在不使用 Spring 框架的情况下，@Resource 注解仍然可以使用；而@Autowired 注解是由 Spring 框架提供的，在不使用 Spring 框架时无法使用。在适用范围上，@Autowired 注解更为灵活，它可以在字段、setter 方法和构造器等多个位置进行依赖注入，相比之下，@Resource 注解不支持构造器注入。此外，二者的注入方式也有所不同，对于字段注入，@Resource 注解默认按名称进行装配，而

@Autowired 注解默认按类型进行装配。

请读者思考一个问题：@Autowired 注解能够简化和替代哪些基于 XML 装配 Bean 的操作？

9．@Scope 注解

@Scope 注解常用于定义 Bean 的作用域，它等同于在 XML 配置文件中通过 scope 属性配置 Bean 的作用域，示例如下。

```
@Repository
@Scope (value = "singleton")
public class TestDaoImpl {
    // 省略非核心代码
}
```

在持久层的 TestDaoImpl 类上使用@Scope 注解，表示在整个 Spring 容器中只创建一个 TestDaoImpl 类型的实例。

10．@PostConstruct 注解

@PostConstruct 注解相当于在 XML 配置文件中通过 init-method 属性指定 Bean 的初始化方法。其实，从该注解名的字面意思也可以看出，被该注解标注的方法将在构造函数执行后被调用。

11．@PreDestroy 注解

@PreDestroy 注解相当于在 XML 配置文件中通过 destroy-method 属性指定 Bean 的销毁方法。从注解名也很容易理解该注解的用途，被该注解标注的方法将在对象销毁前被调用。

12．@Required 注解

@Required 注解已被标记为过时，并在 Spring 5 中被移除。建议使用构造函数注入或@Autowired 注解自动注入。

2.5.2　组件扫描

为了使代码中的注解生效，需要在 Spring 配置文件中使用<context: component-scan>标签启用注解扫描。该标签将自动扫描指定的包及其子包，查找带有 Spring 注解（如 @Component、@Service、@Repository 和@Controller 等注解）的 Bean，并将它们注册为 Spring 容器中的 Bean。

1．基本应用

<context:component-scan>标签有两个常用属性：base-package 和 use-default-

filters。其中，base-package 用于指定 Spring 扫描的基包；use-default-filters 用于指定是否使用默认过滤，默认值为 true。使用<context:component-scan>标签前，需要在 Spring 配置文件中添加 context 命名空间。关于<context:component-scan>标签的使用，请看如下示例。

```xml
<?xml version="1.0" encoding="UTF-8"?>
<beans xmlns="http://***www.springframework.org/schema/beans"
      xmlns:xsi="http://***www.w3.org/2001/XMLSchema-instance"
      xmlns:context="http://***www.springframework.org/schema/context"
      xsi:schemaLocation="http://***www.springframework.org/
schema/beans
      http://***www.springframework.org/schema/beans/spring-
beans.xsd
      http://***www.springframework.org/schema/context

      https://***www.springframework.org/schema/context/spring-
context.xsd">
    <!--配置包的自动扫描-->
    <context:component-scan base-package="com.cn"/>
</beans>
```

在该示例中，设置<context:component-scan>标签的 base-package 属性的值为 com.cn，表示 Spring 将扫描 com.cn 包及其子包中的所有注解。

为了提升扫描效率，可以在 base-package 中指定多个子包，每个子包以逗号隔开。例如，<context:component-scan base-package="com.cn.controller, com.cn.dao "/>表示只扫描 com.cn 下的 controller 子包和 dao 子包，而不扫描 com.cn 下的其他子包。

另外，<context:component-scan>标签还提供了<context:include-filter>标签和<context:exclude-filter>子标签，用于进一步细化扫描过程中的组件选择。这两个子标签用于更加精确地控制哪些组件应该被 Spring 容器管理，哪些则应该被忽略。

2．包含过滤

子标签<context:include-filter>用于定义组件扫描时的包含规则。该标签有 type 和 expression 两个属性。其中，type 属性用于指定包含的方式，常用值为 annotation 和 assignable。annotation 表示依据注解的类型指定包含，assignable 表示依据类或接口的类型指定包含。expression 属性用于配置过滤条件表达式。

关于包含过滤的应用，请看如下两个示例。

示例 1 如下。

```
<context:component-scan base-package="com.cn" use-default-filters =
"false">
    <context:include-filter type="annotation" expression="org. spring-
framework.stereotype.Controller"/>
</context:component-scan>
```

以上配置表示扫描基包 com.cn 及其子包，将这些包中使用了 org.springframework.
stereotype.Controller 注解（@Controller）的 Bean 交由 Spring 容器管理。

示例 2 如下。

```
<context:component-scan base-package="com.cn" use-default-filters =
"false">
    <context:include-filter type="assignable" expression="com.cn.
service.impl.UserServiceImpl"/>
</context:component-scan>
```

以上配置表示扫描基包 com.cn 及其子包，将这些包中 com.cn.service.impl.
UserServiceImpl 类型的 Bean 交由 Spring 容器管理。

3．排除过滤

与<context:include-filter>相反，子标签<context:exclude-filter>用于指定哪些组件
不纳入 Spring 容器管理。该标签的属性与<context:include-filter>类似，不再赘述。

关于排除过滤的应用，请看如下两个示例。

示例 1 如下。

```
<context:component-scan base-package="com.cn" use-default-filters =
"true">
    <context:exclude-filter  type="annotation"  expression="org.
springframework.stereotype.Controller"/>
</context:component-scan>
```

以上配置表示将使用了 org.springframework.stereotype.Controller 注解的 Bean
排除在 Spring 容器之外，不纳入容器的管理。

示例 2 如下。

```
<context:component-scan base-package="cn.com" use-default-filters=
"true">
    <context:exclude-filter type="assignable" expression="com.cn.
service.impl.UserServiceImpl"/>
</context:component-scan>
```

以上配置表示将类型为 com.cn.service.impl.UserServiceImpl 的 Bean 排除在
Spring 容器之外，不纳入容器的管理。

在配置过程中需要注意，<context:component-scan>标签中可包含多个 <context:include-filter>子标签或多个<context:exclude-filter>子标签，不推荐同时使用这两个子标签。

2.6 基于配置类装配 Bean

从 Spring 3.x 开始，开发者可以通过 Java 配置类和注解定义 Bean 及其装配规则。

下面，介绍基于配置类装配 Bean 时的常用注解。

2.6.1 @Configuration 注解

@Configuration 注解用于定义配置类，该类通过 Java 代码替代 XML 配置实现 Bean 的定义与管理。

2.6.2 @ComponentScan 注解

@ComponentScan 注解用于启用组件扫描，其作用等效于<context:component-scan>标签。@Configuration 注解常与@ComponentScan 注解配合使用，并利用后者的 basePackages 属性指定扫描范围。

2.6.3 @PropertySource 注解

@PropertySource 注解的作用等同于 XML 配置文件中的<context:property-placeholder>标签。

2.6.4 @Bean 注解

@Bean 注解用于标记方法。Spring 容器启动时，会自动调用被@Bean 注解标记的方法，并将其返回的对象注册为 Spring 容器中的 Bean。

在之前的章节中，使用 @Service、@Controller、@Component 和 @Repository 等注解替换<bean>标签装配 Bean。但是，无法使用这些注解将第三方库的类装配到 Spring 容器中，因为第三方库中的内容为只读模式，不能在其源码中添加@Component 等注解。因此，当需要将第三方库的组件集成到 Spring 应用程序中时，除了使用<bean>标签，还可以使用@Bean 注解进行装配。另外，当需要在 Spring 扫描路径之外创建实例并将其纳入 Spring 容器管理时，也可以使用@Bean 注解。下面通过一个案例，介绍@Bean 注解的使用方法。

首先，在 resources 目录下创建数据库配置文件 db.properties，代码如下。

```
db.driver=com.mysql.jdbc.Driver
db.url=jdbc:mysql://localhost:3306/mydb
db.username=root
db.password=root
```

在该配置文件中配置了数据库连接所需的基本信息，例如驱动、地址、用户名和密码等。

然后，定义持久层接口 UserDao，代码如下。

```
public interface UserDao {
    void insert();
}
```

其次，创建 Dao 层实现类 UserDaoImpl，代码如下。

```
@Repository
public class UserDaoImpl implements UserDao {
    // 省略非核心代码
}
```

在 UserDaoImpl 上使用@Repository 注解将其交由容器管理。

接着，创建配置类 SpringConfig，代码如下。

```
@Configuration
@ComponentScan("com.cn")
@PropertySource("classpath:db.properties")
public class SpringConfig {
    @Bean
    public DataSource dataSource(@Value("${db.driver}") String
driver,
                      @Value("${db.url}") String url,
                      @Value("${db.username}") String username,
                      @Value("${db.password}") String password,
                      @Autowired UserDao userDao){
        DruidDataSource druidDataSource = new DruidDataSource();
        druidDataSource.setDriverClassName(driver);
        druidDataSource.setUrl(url);
        druidDataSource.setUsername(username);
        druidDataSource.setPassword(password);
```

```
        System.out.println ("driver="+driver);
        System.out.println ("url="+url);
        System.out.println ("username="+username);
        System.out.println ("password="+password);
        System.out.println ("userDao="+userDao);
        return druidDataSource;
    }
}
```

在 SpringConfig 类上使用了三个注解。其中，@Configuration 注解将其标识为配置类；@ComponentScan 注解配置注解扫描范围；@PropertySource 注解引入外部配置文件 db.properties。

在配置类中编写 dataSource 方法，在该方法上使用@Bean 注解装配 Bean。Bean 的名称即为方法名 dataSource，Bean 的类型即为方法的返回值类型 DataSource。在该方法的形参上，利用@Value 注解注入字符串数据，利用 @Autowired 注解注入 UserDao 类型数据。以上配置等效于以下 XML 配置。

```
<!--加载 db.properties 属性配置文件 -->
<context:property-placeholder location="classpath:db.properties"/>
<!--配置数据源 -->
<bean id="dataSource" class="com.alibaba.druid.pool.DruidDataSource">
    <property name="username" value="${db.username}" />
    <property name="password" value="${db.password}" />
    <property name="driverClassName" value="${db.driver}" />
    <property name="url" value="${db.url}" />
</bean>
```

最后，在测试类 SpringTest 中进行相关测试，代码如下。

```
public class SpringTest {
    @Test
    public void testBeanAnnotation () {
        // 创建 AnnotationConfigApplicationContext 类型的容器
        ApplicationContext applicationContext = new Annotation-
ConfigApplicationContext (SpringConfig.class);
        // 依据类型从容器中获取实例
        DataSource dataSource = applicationContext.getBean (DataSource.
class);
        System.out.println (dataSource);
        // 依据 Bean 名称从容器中获取实例
        dataSource = ( DataSource ) applicationContext.getBean
("dataSource");
```

```
        System.out.println (dataSource);
    }
}
```

在测试代码中，分别依据 Bean 的类型和名称获取 DataSource 实例并打印。
执行单元测试后，控制台输出结果如下。

```
driver=com.mysql.jdbc.Driver
url=jdbc:mysql://localhost:3306/mydb
username=root
password=root
userDao=com.cn.dao.impl.UserDaoImpl@4d0f2471
// 省略非核心打印内容
```

2.6.5　@Import 注解

在同一个项目中，可能存在多个配置类。为实现配置模块化，Spring 框架提
供了@Import 注解用于在配置类中导入其他配置类。

假设教务系统中有学生模块和教师模块，每个模块均有一个配置文件。并
且，每个配置文件中都使用@Bean 注解定义组件。

学生模块的配置类如下。

```
public class StudentConfig {
    @Bean
    public StudentDao studentDao () {
        return new StudentDao ();
    }
}
```

教师模块的配置类如下。

```
public class TeacherConfig {
    @Bean
    public TeacherDao teacherDao () {
        return new TeacherDao ();
    }
}
```

两个配置类中使用@Bean 注解定义了 StudentDao 类型的组件和 TeacherDao
类型的组件。

Spring 配置类代码如下。

```
@Configuration
@ComponentScan ("com.cn")
@Import ({StudentConfig.class,TeacherConfig.class})
```

```
public class SpringConfig {
}
```

在配置类 SpringConfig 中使用@Import 注解导入另外两个配置类，并将其中定义的组件纳入 Spring 容器的管理。

在测试类中，依据 Bean 的类型获取 Bean，代码如下。

```
@Test
public void testImportAnnotation () {
// 创建 AnnotationConfigApplicationContext 类型的容器
ApplicationContext applicationContext = new AnnotationConfig-
ApplicationContext (SpringConfig.class);
// 依据类型从容器中获取实例
StudentDao studentDao = applicationContext.getBean (StudentDao.
class);
System.out.println (studentDao);
TeacherDao teacherDao = applicationContext.getBean (TeacherDao.
class);
System.out.println (teacherDao);
}
```

执行单元测试后，控制台的输出结果如下。

```
com.cn.dao.StudentDao@2e222612
com.cn.dao.TeacherDao@61386958
```

从输出结果可以看出，成功获取了两个配置类中定义的 Bean。

2.6.6 @SpringJUnitConfig 注解

Spring5.0 版本引入@SpringJUnitConfig 注解，替代之前在测试时所使用的@RunWith 注解和@ContextConfiguration 注解。使用@SpringJUnitConfig 注解进行测试时，无须手动创建 Spring 容器，示例代码如下。

```
@SpringJUnitConfig (value = {SpringConfig.class})
public class SpringTest {
    @Autowired
    private PhoneDao phoneDao;
    @Test
    public void testGetPhoneDao () {
        System.out.println (phoneDao);
    }
}
```

在该测试中，在配置类上通过@SpringJUnitConfig 注解的 value 属性指定 Spring 配置类。然后，利用@Autowired 注解自动装配 Bean 即可进行单元测试。

2.7 Bean 的生命周期

使用 Spring 框架开发项目时，Spring 容器负责管理 Bean 的生命周期。下面，介绍 Bean 生命周期各阶段的主要工作。

（1）实例化。这是 Bean 生命周期的起点，本阶段的主要工作是创建 Bean 实例。

（2）依赖注入。在 Bean 实例化后，Spring 容器通过设值注入、构造注入等方式将数据注入 Bean 的属性。

（3）初始化。依赖注入完成后，Spring 容器会调用 Bean 的初始化方法。例如，可通过<bean>标签的 init-method 属性指定 Bean 的初始化方法，用于执行数据加载和资源准备等操作。

（4）使用。初始化完成后，可通过 Spring 容器获取 Bean，或者将该 Bean 注入其他组件。

（5）销毁。当 Spring 容器关闭或不再需要该 Bean 时，Spring 容器负责销毁 Bean。例如，可用<bean>标签的 destroy-method 属性指定 Bean 的销毁方法，执行释放资源、关闭数据库连接等操作。

关于 Bean 的生命周期的使用请看如下示例。

首先，定义持久层接口 UserDao，代码如下。

```
public interface UserDao {
    void insert () ;
}
```

在该接口中定义 insert 方法。

然后，定义 UserDao 的实现类 UserDaoImpl，代码如下。

```
public class UserDaoImpl implements UserDao {
    private int number;

    public UserDaoImpl () {
        System.out.println ("Bean 的生命周期 1：创建对象 UserDaoImpl");
    }

    public void setNumber (int number) {
        System.out.println ("Bean 的生命周期 2：依赖注入 setNumber");
        this.number = number;
    }
```

```java
    //Bean 初始化时对应的操作
    public void init () {
        System.out.println("Bean 的生命周期 3: 初始化 init");
    }

    @Override
    public void insert () {
        System.out.println("Bean 的生命周期 4: 使用 insert");
    }

    //Bean 销毁前对应的操作
    public void destroy () {
        System.out.println("Bean 的生命周期 5: 销毁前 destroy");
    }
}
```

在实现类 UserDaoImpl 中定义 init 方法用于执行 Bean 的初始化操作，定义 destroy 方法用于执行 Bean 的销毁操作。为了便于验证和观察执行结果，在各方法中打印与 Bean 生命周期方法对应的方法。

接下来，在配置文件中配置 Bean，代码如下。

```xml
<bean id="userDao" class="com.cn.dao.impl.UserDaoImpl"
    init-method="init" destroy-method="destroy">
    <property name="number" value="9527"/>
</bean>
```

最后，在测试类 SpringTest 中进行相关测试，代码如下。

```java
@Test
public void testBeanLifeCycle () {
    // 省略非核心代码
    applicationContext.registerShutdownHook ();
    // 从 Ioc 容器中获取 Dao 层对象
    UserDao userDao = (UserDao) applicationContext.getBean ("userDao");
    userDao.insert ();
}
```

执行单元测试后，控制台的输出结果如下。

```
Bean 的生命周期 1: 创建对象 UserDaoImpl
Bean 的生命周期 2: 依赖注入 setNumber
Bean 的生命周期 3: 初始化 init
Bean 的生命周期 4: 使用 insert
Bean 的生命周期 5: 销毁前 destroy
```

从输出结果中可以清晰地看到 Bean 的完整生命周期。但是，需要注意，Spring 容器对于非单例 Bean 的生命周期管理相对较弱。也就是说，Spring 容器在创建非单例 Bean 后，通常不会管理其完整的生命周期。因此，需要开发人员手动执行初始化和销毁操作，并自行管理其生命周期。

2.8　多线程环境下的作用域

在默认情况下，Bean 的 scope 属性值为 singleton。这意味着无论对同一个 Bean 获取多少次，容器始终返回同一个共享实例。那么，单例 Bean 在多线程环境下是否会产生安全问题？

当 Bean 无状态时，不存储任何与特定用户或请求相关的数据，即使在多线程环境下共享同一个 Bean 实例，也不会引发线程安全问题。因为每个线程只是调用 Bean 的方法，而不会修改其内部状态。

但是，如果 Bean 是有状态的，而这些状态的管理又不是线程安全的，那么在多线程环境中将会出现线程安全问题。因为多个线程可能会同时修改 Bean 的状态，这将导致数据不一致或出现不可预测的行为。

为避免线程安全问题，开发过程中应尽量将 Bean 设计为无状态，或确保其状态管理具备线程安全性。因此，控制层对象、业务层对象、持久层对象、工具类对象和配置类对象适合交由 Spring 容器管理。反之，有状态的对象和需频繁创建销毁的不可复用对象，不适合交由 Spring 容器管理，例如保存状态信息的实体类。

为加深理解，在此以银行服务系统为例做进一步介绍。在该系统中，有一个名为 BankAccountService 的接口及其实现类 BankAccountServiceImpl，用于处理银行账户的相关业务逻辑，如存款、取款、查询余额等，核心代码如下。

```
public    class    BankAccountServiceImpl    implements    BankAccount-
Service {
    @Override
    public void deposit (Long accountId, BigDecimal amount){
        // 存款逻辑
    }

    @Override
    public void withdraw (Long accountId, BigDecimal amount){
        // 取款逻辑
```

```
    }

    @Override
    public BigDecimal getBalance (Long accountId){
        // 查询余额逻辑
        return        bankAccountRepository.findBalanceByAccountId
(accountId);
    }

    // 省略非核心代码
}
```

在此示例中，BankAccountServiceImpl 是一个业务类，负责处理与银行账户相关的业务逻辑。由于该类是无状态的，每个用户的存款和取款操作相同，因此适合将其交由 Spring 容器管理。

系统中使用用户类 User 存储用户信息，核心代码如下。

```
public class User {
    private Long id;
    private String username;
    private String password;
    private String email;
private String phoneNumber;
// 省略构造函数以及属性对应的getter 和 setter 方法
    }
```

在此示例中，User 类存储用户的详细信息，每个用户登录系统后都产生与之对应的 User 实例。因此，User 不适合作为单例 Bean 由 Spring 容器管理。

2.9 自定义 Spring 容器

本章详细地介绍了 Spring 容器、Bean 的配置及其不同的装配方式。鉴于 Spring 容器在开发中的重要性，为了帮助读者加深对其工作原理的理解，本节将开发一个简易的 Spring 容器。在自定义容器的开发过程中，主要采用 Java 注解和反射技术，并将 Map 作为存储数据的容器。

2.9.1 定义注解

定义@Pea 注解，它的作用等同于@Componet 注解，代码如下。

```
@Target (ElementType.TYPE)
```

```
@Retention (RetentionPolicy.RUNTIME)
public @interface Pea {
}
```

使用元注解@Target（ElementType.TYPE）定义@Pea 注解的应用对象为类和接口。使用元注解@Retention（RetentionPolicy.RUNTIME）确保@Pea 注解保留至运行时，以便 Spring 框架能够利用反射读取该注解。

类似地，定义@ AutoInjected 注解，它的作用与@Autowired 注解相同，代码如下。

```
@Target ({ElementType.FIELD})
@Retention (RetentionPolicy.RUNTIME)
public @interface AutoInjected {
}
```

该注解作用于字段，其保留策略依旧为 RUNTIME。

2.9.2　使用注解

接下来，在持久层实现类上使用@Pea 注解，代码如下。

```
@Pea
public class GoodsDaoImpl implements GoodsDao {
    // 省略非核心代码
}
```

类似地，在业务层实现类上也使用@Pea 注解，代码如下。

```
@Pea
public class GoodsServiceImpl implements GoodsService {
    @AutoInjected
    private GoodsDao goodsDao;
    // 省略非核心代码
}
```

该业务类持有持久层类型属性 GoodsDao。为了实现字段自动注入，在该字段上使用@AutoInjected 注解。

2.9.3　定义容器

Spring 框架提供 ApplicationContext 接口实现容器，依照此思路，先定义容器接口 Context 模拟 ApplicationContext，代码如下。

```
public interface Context {
    Object getPea (Class clazz);
}
```

在 Context 接口中定义 getPea 方法用于获取容器中的实例。该方法的作用类似于 ApplicationContext 接口中的 getBean 方法。

接下来，定义 Context 接口的实现类 ContextImpl，代码如下。

```java
public class ContextImpl implements Context {

    // 存储所有 Pea 的 HashMap 容器
    private HashMap<Class, Object> peaHashMap = new HashMap<>();

    // 构造函数
    public ContextImpl (String basePackageName) {

    }

    // 从容器中获取实例
    @Override
    public Object getPea (Class clazz) {
        return peaHashMap.get (clazz);
    }

    // 省略非核心代码
}
```

在类中利用 HashMap 充当容器存储类与实例的映射关系，构造函数的形参表示待扫描的基包的名称。

2.9.4　实现容器

实现容器分为两个主要步骤，即创建实例和注入依赖。首先，读取基包下所有使用@Pea 注解的类，通过反射技术创建类的实例并将其存入容器，代码如下。

```java
private void scanPeaAndSavePea (File file) {
    if (file.isDirectory ()) {
        File[] subFileArray = file.listFiles ();
        if (subFileArray.length == 0 || subFileArray == null) {
            return;
        }
        for (File subFile : subFileArray) {
            if (subFile.isDirectory ()) {
                scanPeaAndSavePea (subFile);
            } else {
                // 获取文件完整路径，例如：E:\...\...\com\cn\annotation\
```

```
xxx.class
                String subFileCompletePath = subFile.getAbsolutePath ();
                int beginIndex = basePackageParentCompletePathWith-
Slash.length () - 1;
                // 获取带\的文件名称,例如: com\cn\annotation\xxx.class
                String subFileNameWithClass = subFileCompletePath.
substring (beginIndex);
                // 判断文件名是否以.class 结尾
                if (subFileNameWithClass.endsWith (".class")) {
                    // 将文件名中的\替换为.并且去掉.class
                    String subFilePathNoClass = subFileNameWithClass
                            .replaceAll ("\\\\", ".")
                            .replace (".class", "");
                    try {
                        // 获取字节码文件
                        Class<?> clazz = Class.forName ( subFile-
PathNoClass);

                        // 获取字节码文件上的@Pea 注解
                        Pea peaAnnotation = clazz.getAnnotation (Pea.
class);

                        if (peaAnnotation != null) {
                            // 获取接口的 class 文件
                            Class<?> firstInterface = clazz.getInterfaces
() [0];

                            // 通过反射创建实例
                            Object instance = clazz.getDeclaredCons-
tructor () .newInstance ();
                            // 以接口的 class 文件为 key
                            // 以实例为 value 存入容器
                            peaHashMap.put (firstInterface, instance);
                        }
                    } catch (Exception e) {
                        System.out.println (e);
                    }
                }
            }
        }
    }
}
```

scanPeaAndSavePea 方法是一个递归方法,用于扫描指定目录下以.class 结尾的文件并查找带有@Pea 注解的类，同时创建对应的实例。随后，将这些实例存储在容器中，其中键为类实现的第一个接口的 Class 对象，值是类的实例。

接下来，通过反射为容器中的实例的字段注入值，代码如下。

```
private void injectDependency () {
    Set<Map.Entry<Class, Object>> entries = peaHashMap.entrySet ();
    Iterator<Map.Entry<Class, Object>> iterator = entries.iterator ();
    // 获取容器中的所有键-值对
    while (iterator.hasNext ()) {
        Map.Entry<Class, Object> entry = iterator.next ();
        // 获取容器中的对象
        Object value = entry.getValue ();
        // 获取对象的字节码文件
        Class<?> clazz = value.getClass ();
        // 获取对象的所有字段
        Field[] declaredFields = clazz.getDeclaredFields ();
        // 遍历每个字段
        for (Field field : declaredFields) {
            // 从字段上获取@AutoInjected 注解
            AutoInjected autoInjectedAnnotation = field.getAnnotation
(AutoInjected.class);
            // autoInjectedAnnotation 不为空表示该字段上使用@AutoInjected
            // 注解
            if (autoInjectedAnnotation != null) {
                try {
                    // 取消字段访问检查
                    field.setAccessible (true);
                    // 获取字段的类型
                    Class<?> type = field.getType ();
                    // 从容器中获取与字段类型对应的实例
                    Object instance = peaHashMap.get (type);
                    // 为字段注入值
                    field.set (value, instance);
                } catch (Exception e) {
                    System.out.println (e);
                }
            }
        }
    }
}
```

injectDependency 方法展现了典型的依赖注入实现过程。在该方法中使用迭代器遍历容器中的每个对象，并通过字节码文件获取该对象的所有字段。然后，遍历并检查所有字段，为使用了@AutoInjected 注解的字段注入相应的依赖。

2.9.5　验证测试

为了验证自定义容器是否能够正常运行，创建测试类，代码如下。

```
public class SpringTest {
    public static void main (String[] args) {
        // 创建容器
        ContextImpl context = new ContextImpl ("com.cn");
        // 从容器中获取 GoodsService 类型的实例
        GoodsService goodsService = (GoodsService) context.getPea
(GoodsService.class);
        // GoodsService 类型的实例调用 findAll 方法
        goodsService.findAll ();
    }
}
```

在测试代码中，利用 ContextImpl 的构造函数创建容器。然后，通过容器的 **getPea** 方法获取业务层实例并调用其 findAll 方法。测试结果如下。

```
GoodsServiceImpl findAll
GoodsDaoImpl query
```

从测试结果可以看出，容器能够正常工作并达到预期目标，实现了 Bean 的管理和依赖的自动注入。从整个实现过程而言，自定义 Spring 容器的难度并不大。为了便于各位读者理解，笔者在以上代码中添加了详尽的注释。

2.10　本章总结

本章详细阐述了 Bean 的常用配置、四种实例化方式、生命周期，以及 Bean 的初始化和销毁方法的配置。同时介绍了基于 XML、注解和配置类的三种装配方式，这三种装配方式在程序调用执行上没有差异，对最终结果也无影响。除此以外，本章还通过案例介绍了如何自定义 Spring 容器。通过阅读本章，读者将对 Spring 容器及 Bean 装配有全面和深入的理解。

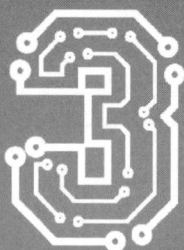

3

Spring 面向切面编程

面向切面编程（Aspect-Oriented Programming，AOP）可以在不修改业务代码的情况下，以非侵入式方式为原系统添加新的功能。AOP 通过集中管理横切逻辑，减少代码冗余，实现业务与通用功能的解耦，提升了系统的可扩展性和应对需求变化的能力。

3.1　面向切面编程特征

面向对象编程和面向切面编程是两种不同但互为补充的编程范式。面向对象编程通过封装、继承和多态实现模块化设计、功能复用与体系扩展。面向切面编程侧重于在不修改原有代码的情况下为程序添加新的功能。**Spring** 提供了一整套面向切面编程的解决方案，将日志记录、事务管理、权限控制、安全校验及异常处理等通用模块从业务代码中抽离，并进行集中管理。面向切面编程作为面向对象编程的补充，进一步完善了现代软件开发的技术体系。面向对象编程定义纵向关系（类与类的关系），而面向切面编程定义横向关系（公共模块与核心业务的关系），二者纵横交错，各具独特优势与适用场景，相辅相成，共同构成现代软件开发的基石。

3.2　代理模式实现策略

现需要开发一个具备加减乘除功能的计算器，并且要求记录程序中每个方法的输入参数以及返回值日志。在此场景下，计算器的运算功能是核心业务，日志记录则属于系统辅助功能。

首先，创建计算器接口，代码如下。

```java
public interface Counter {
    int addition (int a,int b);
    int subtraction (int a,int b);
    int multiplication (int a,int b);
    int division (int a,int b);
}
```

在 Counter 接口中定义了四个方法，分别用于实现加法、减法、乘法和除法。

接下来，编写接口的实现类 CounterImpl，代码如下。

```java
public class CounterImpl implements Counter {
    @Override
    public int addition (int a, int b){
        System.out.println ("系统日志: "+"addition"+"方法的输入参数是
"+a+","+b);
        int c = a + b;
```

```
        System.out.println ("系统日志: "+"addition"+"方法的输出结果是
"+c);
        return c;
    }

    @Override
    public int subtraction (int a, int b) {
        System.out.println ("系统日志: "+"subtraction"+"方法的输入参数
是"+a+","+b);
        int c = a - b;
        System.out.println ("系统日志: "+"subtraction"+"方法的输出结果
是"+c);
        return c;
    }

    @Override
    public int multiplication (int a, int b) {
        System.out.println ("系统日志: "+"multiplication"+"方法的输入
参数是"+a+","+b);
        int c = a * b;
        System.out.println ("系统日志: "+"multiplication"+"方法的输出
结果是"+c);
        return c;
    }

    @Override
    public int division (int a, int b) {
        System.out.println ("系统日志: "+"division"+"方法的输入参数是
"+a+","+b);
        int c = a / b;
        System.out.println ("系统日志: "+"division"+"方法的输出结果是
"+c);
        return c;
    }
}
```

CounterImpl 实现了接口中的四种方法。在每次算术运算前利用系统日志记录输入参数；类似地，在每次算术运算后记录计算结果。

为了简化代码，利用日志工具类 LogUtils 打印日志，代码如下。

```
public class LogUtils {
```

```
    // 方法执行前调用
    public static void before (String methodName,Object...args){
        System.out.println ("系统日志："+methodName+"方法的输入参数是
"+ Arrays.toString (args));
    }

    // 方法执行后调用
    public static void after (String methodName,Object result){
        System.out.println ("系统日志："+methodName+"方法的输出结果是
"+result);
    }
}
```

在 LogUtils 中定义 before 方法记录方法执行时的输入参数，定义 after 方法记录方法执行结束时的返回值。

接下来，在计算器代码中利用日志工具类优化原有代码，代码如下。

```
public class CounterImpl implements Counter {
    @Override
    public int addition (int a, int b){
        LogUtils.before ("addition",a,b);
        int c = a + b;
        LogUtils.after ("addition",c);
        return c;
    }
    // 省略其余三个方法
}
```

虽然优化后的 CounterImpl 类较之前更为紧凑和简洁，但是，根本的问题依旧没有得到解决，业务的核心代码和辅助功能相关代码仍然混杂在一起。为了解决此类问题，可使用代理模式进一步优化。

代理模式是软件设计中使用频率较高的结构型设计模式，包含客户端、代理对象和目标对象三个角色。客户端和目标对象之间不能直接交互，代理对象充当了客户端和目标对象之间的中介。代理对象和目标对象实现相同的接口或继承相同的父类，因此客户端可以通过代理对象调用目标对象的方法。代理模式的工作原理如图 3-1 所示。

图 3-1　代理模式的工作原理

为了更好地阐释代理模式，让我们看一个生活中的例子。假设你是一位作者，你不亲自参与图书的销售和运营工作，而是将这些任务委托给出版社来处理。在这个场景中，出版社扮演代理对象的角色，它代表你处理与书籍销售和运营相关的所有事务。而你作为图书的作者，就是目标对象。在这种模式下，你只需专注写作，而不必为销售的琐事分散精力。

根据代理类的生成时机，将代理模式分为静态代理和动态代理。接下来，详细介绍这两种代理模式。

3.2.1　静态代理

在静态代理模式中，代理类由开发人员手动创建，在程序的整个运行期间，其结构和行为保持不变。静态代理模式的实现步骤如下。首先，定义一个公共的接口或抽象类。该接口或抽象类是代理模式的基础，声明了目标对象和代理对象需要实现的方法，以确保二者具有一致的对外接口。接下来，创建一个实现该接口或继承该抽象类的目标类，并编写具体业务逻辑。然后，创建代理类并实现与目标类相同的接口或继承相同的抽象类。在代理类中，定义一个成员变量引用目标对象。代理类不仅可以调用目标对象的方法，还能添加其他逻辑，以增强目标类的功能。最后，在客户端中创建代理对象，并调用目标方法。通过这种方式，静态代理模式无须修改目标类代码即可添加额外功能或行为。

按照以上步骤，利用静态代理模式改造计算器的设计。

第一步，定义接口 Counter，代码如下。

```java
public interface Counter {
    int addition (int a,int b);
    // 省略其余三个方法
}
```

第二步，创建目标类 CounterImpl，代码如下。

```java
public class CounterImpl implements Counter {
    @Override
    public int addition (int a, int b){
        int c = a + b;
        return c;
    }
    // 省略其余三个方法
}
```

CounterImpl 作为静态代理模式中的目标类，负责实现接口定义的核心业务。

第三步，创建代理类 CounterProxy，代码如下。

```
public class CounterProxy implements Counter{
    // 将目标对象声明为成员变量
    private Counter counter;

    public CounterProxy (Counter counter) {
        this.counter = counter;
    }

    @Override
    public int addition (int a, int b) {
        // 辅助功能
        LogUtils.before ("addition",a,b);
        // 调用目标对象
        int c = counter.addition (a, b);
        // 辅助功能
        LogUtils.after ("addition",c);
        return c;
    }
    // 省略其余三个方法
}
```

CounterProxy 作为静态代理模式中的代理类，实现与目标类 CounterImpl 相同的业务接口，并在每个方法中，既调用目标对象的核心业务，又调用其他辅助功能。

第四步，客户端调用，代码如下。

```
public class Test {
    public static void main (String[] args) {
        // 创建目标对象
        CounterImpl counterImpl = new CounterImpl ();
        // 创建代理对象
        CounterProxy counterProxy = new CounterProxy (counterImpl);
        // 代理对象调用目标方法
        counterProxy.addition (6, 3);
        // 省略其余类似代码
    }
}
```

在 main 方法中先创建目标对象，再创建代理类对象，最后利用代理类对象调用目标方法。测试结果如下。

```
系统日志：addition 方法的输入参数是[6，3]
系统日志：addition 方法的输出结果是 9
系统日志：subtraction 方法的输入参数是[6，3]
系统日志：subtraction 方法的输出结果是 3
系统日志：multiplication 方法的输入参数是[6，3]
系统日志：multiplication 方法的输出结果是 18
系统日志：division 方法的输入参数是[6，3]
系统日志：division 方法的输出结果是 2
```

静态代理模式的优点在于实现简单且直观，但它也存在一些明显的缺陷。由于每个目标类都需要一个与之对应的代理类，因此当目标类较多时，会导致代理类数量增加，增加系统的复杂性。如果目标类的接口发生变化，那么现有代理类也需要相应修改，维护成本较高。因此，静态代理模式仅适用于目标类较少且接口稳定不变的场景。

3.2.2　基于 JDK 的动态代理

动态代理模式是在程序运行时动态创建代理对象并调用目标对象的方法。与静态代理相比，动态代理无须手动为每个目标对象创建代理，而是在运行时动态生成代理对象。Spring 框架基于动态代理技术实现了面向切面编程。常见的动态代理技术包括 JDK 代理和 CGLIB 代理。

Java 标准库提供了 JDK 动态代理，它使用 java.lang.reflect.InvocationHandler 接口和 java.lang.reflect.Proxy 类实现基于接口的代理。

InvocationHandler 接口定义了代理方法的处理逻辑，其核心方法 invoke 接收三个参数：代理对象、目标方法及方法的参数。当代理对象的方法被调用时，invoke 会被自动触发。在 invoke 方法内部，可实现权限检查、日志记录等自定义逻辑，并通过反射调用目标方法。

Proxy 是创建动态代理对象的工具类，其 newProxyInstance 方法用于创建代理对象。该方法接收三个参数：类加载器、目标类实现的接口和 InvocationHandler 实例。在动态代理中，使用类加载器加载动态生成的代理类。为了确保代理对象和目标对象处于相同的环境，需要将目标对象的类加载器作为参数传递给 newProxyInstance 方法。通过 Proxy 类创建的代理在调用目标方法时，会将调用转发到与其关联的 InvocationHandler 的 invoke 方法。

在利用 JDK 动态代理技术实现计算器时无须修改原有的接口、实现类和工具类，只需重新设计代理类即可，代码如下：

```java
public class ProxyFactory<T> {
    //目标对象
    private T target;

    public ProxyFactory (T target){
        this.target = target;
    }

    private class InvocationHandlerImpl implements Invocation-
Handler{
        @Override
        public Object invoke (Object proxy, Method method, Object[]
args) throws Throwable {
            // 获取目标方法的方法名
            String methodName = method.getName ();
            // 获取目标方法的参数
            String methodArgs = Arrays.toString (args);
            // 代理类的辅助功能
            LogUtils.before (methodName, methodArgs);
            // 调用目标对象的方法
            Object result = method.invoke (target, args);
            // 代理类的辅助功能
            LogUtils.after (methodName, result);
            return result;
        }
    }

    public T getProxy () {
        // 获取目标类的加载器
        ClassLoader classLoader = target.getClass () . getClass-
Loader ();
        // 获取目标类实现的所有接口
        Class<?>[] interfaces = target.getClass ().getInterfaces ();
        // 创建方法调用处理器
        InvocationHandler handler = new InvocationHandlerImpl ();
        // 创建代理
        T proxy = (T) Proxy.newProxyInstance (classLoader, interfaces,
handler);
        return proxy;
    }

}
```

在 ProxyFactory 类中，成员变量 target 表示目标对象。内部类 Invocation-HandlerImpl 实现 InvocationHandler 接口并实现 invoke 方法，在该方法中获取目标方法的名称和参数，并在调用目标方法前后分别执行日志记录操作并返回结果。ProxyFactory 类提供了 getProxy 方法，在该方法中通过 newProxyInstance 方法创建代理对象。

完成代理类的编写后，对 JDK 动态代理进行测试，代码如下。

```java
public class Test {
    public static void main (String[] args) {
        // 创建目标对象
        CounterImpl counterImpl = new CounterImpl ();
        // 创建代理工厂
        ProxyFactory<Counter> proxyFactory = new ProxyFactory<>
(counterImpl);
        // 获取代理对象
        Counter counterProxy = proxyFactory.getProxy ();
        counterProxy.addition (6, 3);
        // 省略其他非核心代码
    }
}
```

在测试类中创建目标对象，通过代理工厂获取代理对象并调用目标对象的方法。

JDK 动态代理无须额外依赖且使用简单。但是，JDK 动态代理只能基于接口进行代理，若目标对象未实现任何接口，则无法使用 JDK 动态代理。这个限制使 JDK 动态代理在某些场景下受限，此时可以考虑其他代理实现方式，例如 CGLIB。

3.2.3 基于 CGLIB 的动态代理

CGLIB（Code Generation Library）是一个基于字节码操作的开源库，与 JDK 动态代理的机制有所不同，它通过生成目标类的子类来实现代理功能。使用 CGLIB 动态代理的主要步骤及流程如下。首先，创建目标类。该类无须实现任何接口，只需专注实现核心业务。然后，通过实现 MethodInterceptor 接口创建方法拦截器，该接口的作用与 JDK 代理中的 InvocationHandler 接口相似，这里不再赘述。最后，Enhancer 使用方法拦截器创建代理对象并调用目标方法。

利用 CGLIB 动态代理技术实现计算器的具体过程如下。

第一步，创建计算器类 Counter，代码如下。

```java
public class Counter {
    public int addition (int a, int b) {
        int c = a + b;
        return c;
    }
    // 省略其余三个方法
}
```

第二步，创建方法拦截器 MethodInterceptorImpl，代码如下。

```java
public class MethodInterceptorImpl<T> implements MethodInterceptor {
    private T target;

    public MethodInterceptorImpl (T target) {
        this.target = target;
    }

    @Override
    public Object intercept (Object obj, Method method, Object[]
args, MethodProxy proxy) throws Throwable {
        //获取目标方法的方法名
        String methodName = method.getName ();
        //获取目标方法的参数
        String methodArgs = Arrays.toString (args);
        //代理类的辅助功能
        com.cn.DynamicProxy.jdk.LogUtils.before    ( methodName,
methodArgs);
        //调用目标方法
        Object result = method.invoke (target, args);
        //代理类的辅助功能
        LogUtils.after (methodName, result);
        return result;
    }
}
```

MethodInterceptorImpl 类通过实现 MethodInterceptor 接口，利用 intercept 方法对目标方法进行拦截和自定义操作。intercept 方法的作用与使用方式和 JDK 代理中 InvocationHandler 接口的 invoke 方法类似，这里不再赘述。

第三步，对 CGLIB 动态代理进行测试，代码如下。

```
public class Test {
    public static void main (String[] args) {
        //创建目标对象
        Counter counter = new Counter ();
        //创建拦截器
        MethodInterceptorImpl<Counter>  methodInterceptor  =  new
MethodInterceptorImpl<> (counter);
        //获取目标对象的 Class
        Class<? extends Counter> clazz =counter.getClass ();
        //创建代理对象
        Counter counterProxy = (Counter) Enhancer.create (clazz,
methodInterceptor);
        //代理对象调用目标方法
    counterProxy.addition (6, 3);
        //省略其他非核心代码
    }
}
```

在测试类中创建目标对象和拦截器，并使用 Enhancer 创建代理对象调用目标方法。测试方式和结果与前述内容完全一致，这里不再赘述。

3.3　Spring AOP 术语

在传统的面向对象编程中，开发者通常关注类、对象、方法和属性等直观概念。在 AOP 中，引入了一些新的抽象概念，如连接点、切入点、通知、切面和织入。这些抽象概念与传统编程元素无直接对应关系，因此增加了理解难度。为了更好地掌握和应用 AOP，开发者需要先了解 AOP 术语及其核心组件。

3.3.1　连接点

连接点（JoinPoint）是程序执行过程中的具体位置，方法的调用、异常的抛出、对象的初始化等都是连接点。在 AOP 中，连接点是潜在的拦截位置，当程序执行到这些连接点时，可以插入特定的逻辑，以增强程序的原有行为。但是，并不是所有的连接点都会被增强，这取决于切入点的定义。

3.3.2　切入点

被增强的连接点被称为切入点（Pointcut）。在 AOP 配置中，使用<aop:

pointcut>标签或者@Pointcut 注解配置切入点。在切入点中利用表达式选择性地匹配特定的连接点，避免对所有连接点应用相同的处理逻辑。切入点表达式基于方法签名进行匹配，例如包名、类名、方法名、异常类型及输入参数等。切入点表达式的基本格式为 execution（modifiers-pattern? ret-type-pattern declaring-type-pattern?name-pattern（param-pattern）throws-pattern?），其中?表示该模式是一个可选项。切入点表达式各组成部分的作用如表 3-1 所示。

表 3-1　切入点表达式各组成部分的作用

组 成 部 分	作　　用
execution	定义表达式
modifiers-pattern	匹配方法修饰符。例如 public、private 等，该模式是一个可选项
ret-type-pattern	匹配方法返回类型。例如 void、String、Number 等
declaring-type-pattern	匹配方法类路径。例如 com.cn.dao.impl.GoodsDaoImpl 等，该模式是一个可选项
name-pattern	匹配方法名称
param-pattern	匹配方法输入参数
throws-pattern	匹配方法抛出的异常类型，该模式是一个可选项

编写切入点表达式时，使用通配符可以简化表达式的书写，并提升其灵活性。常用的切入点表达式通配符如表 3-2 所示。

表 3-2　常用的切入点表达式通配符

通 配 符	作　　用
*	匹配长度大于或等于 1 的任何字符串，在通常情况下，当 * 出现在返回类型、类名或方法名的位置时，它表示匹配任意名称。例如，execution（* com.example.*.*（..））表示匹配 com.example 包下任何类的任何方法
..	匹配任意数量（0 个、1 个或多个）的任何符号，常用于表示包层次结构的任意深度，在方法参数模式中用于表示任意数量和类型的参数。例如，com.example..*表示匹配 com.example 包下以及它的任何子包中的所有类；execution（* myMethod（..））表示匹配名为 myMethod 的所有方法，无论它们是否有参数，以及参数的类型是什么、数量有多少
+	匹配指定类型以及该类型的所有子类型。例如，com.example.MyClass+表示匹配 com.example.MyClass 及其所有子类

3.3.3 通知

通知（Advice）是 AOP 中的自定义操作，它描述了当程序执行到与切入点匹配的连接点时应该如何增强程序的行为。根据触发时机的不同，通知可以分为前置通知、后置通知和环绕通知等类型，常见通知如表 3-3 所示。

表 3-3 常见通知

通 知 类 型	描　　述
前置通知（Before Advice）	调用目标方法之前触发的通知，常用于实现权限检查、日志记录等功能
正常返回通知（After Returning Advice）	目标方法正常执行完成（没有抛出异常）后触发的通知，简称返回通知。常用于实现清理资源、统计数据等功能
异常返回通知（After Throwing Advice）	目标方法抛出异常后触发的通知，简称异常通知。常用于实现日志记录、异常处理等功能
后置通知（After Advice）	目标方法执行完成后，无论是否抛出异常，都会触发的通知。常用于实现资源释放、性能监控等功能
环绕通知（Around Advice）	环绕通知包裹了目标方法，用于在目标方法执行前后调用自定义操作。常用于实现复杂的切面逻辑，如事务管理、性能监控等

在 AOP 配置中，使用< aop:after-returning >、< aop:before >、< aop:after-throwing >、<aop:after>和<aop:around>等标签或者@AfterReturning、@Before、@AfterThrowing、@Around 和@After 等注解配置通知。在同时配置了前置通知、正常返回通知、异常返回通知和后置通知的情况下，它们的执行顺序为前置通知、目标方法、正常返回通知或异常返回通知、后置通知。

3.3.4 切面

切面（Aspect）是一个容器，其中包含多个切入点和通知。切面自身并不直接执行任何操作，而是通过切入点和通知影响程序的行为。当程序执行到与切入点匹配的连接点时，切面中的通知就会被触发并执行特定的逻辑。

在 AOP 配置中，使用<aop:aspect>标签或者@Aspect 注解配置切面。

3.3.5 织入

将切面逻辑嵌入目标对象并创建代理对象的过程叫作织入（Weaving）。

3.4 Spring AOP 典型应用

  Spring 底层依托动态代理技术对程序的执行过程进行拦截和处理。若目标类实现了至少一个接口，那么 Spring 将使用 JDK 动态代理创建代理对象；若目标类未实现任何接口，则 Spring 使用 CGLIB 创建代理对象。尽管 Spring 底层使用了动态代理技术，但开发者在使用 Spring 时无须关注这些细节。在程序运行时，Spring 框架自动执行代理对象的创建、织入、方法调用的拦截和增强。

  例如，性能监控是软件开发中常见的项目需求，具体实现如以下代码所示。

```java
public class GoodsImpl implements GoodsDao {
    @Override
    public void add () {
        //记录方法开始执行的时间
        long start = System.currentTimeMillis ();
        for (int i = 0; i < 100000; i++) {
            //模拟业务执行
        }
        //记录方法执行结束的时间
        long end = System.currentTimeMillis ();
        //计算方法执行的耗时
        System.out.println ("GoodsDao add 方法耗时"+ (end-start) + "
毫秒");
    }


    @Override
    public void delete () {
        long start = System.currentTimeMillis ();
        for (int i = 0; i < 200000; i++) { }
        long end = System.currentTimeMillis ();
        System.out.println ("GoodsDao delete 方法耗时"+ (end-start) +
"毫秒");
    }


    @Override
```

```
    public void update () {
        long start = System.currentTimeMillis ();
        for (int i = 0; i < 300000; i++) { }
        long end = System.currentTimeMillis ();
        System.out.println ("GoodsDao update 方法耗时"+ (end-start) +
"毫秒");
    }

    @Override
    public void select () {
        long start = System.currentTimeMillis ();
        for (int i = 0; i < 400000; i++) { }
        long end = System.currentTimeMillis ();
        System.out.println ("GoodsDao select 方法耗时"+ (end-start) +
"毫秒");
    }
}
```

在 GoodsImpl 类中定义了 add、delete、update 和 select 四个方法来实现增删改查功能。为实现性能监控，需要在每个方法中计算其执行耗时。在这种传统实现方式中，需要将性能监控代码嵌入每个业务逻辑中，二者紧密交织、相互杂糅，不仅使代码变得冗余和复杂，而且不利于代码的维护和扩展。尤其是在大型项目中，如果每次调整性能监控都需修改每个方法中的原有代码，那么显然难以实现。

为解决上述类似问题，可将与业务逻辑无关、但被多个业务模块调用的功能封装为一个独立的切面。通过配置切面和切入点，能够在不修改原有业务代码的情况下将切面织入指定的连接点，从而实现对原有方法的增强。在调整性能监控逻辑时，只需修改切面中的代码，无须逐个修改业务方法。通过这种方式，可以消除业务逻辑与性能监控代码的耦合，保持业务代码的简洁和清晰。

Spring 容器在启动时读取项目中的配置信息，包括 Bean 定义、切面、通知和切入点。在 Bean 实例化的过程中，Spring 会判断该 Bean 是否需要进行 AOP 增强。如果需要增强，那么 Spring 将不直接创建目标对象，而是生成一个代理对象，并在创建过程中将切面逻辑织入其中。代理对象创建完成后，将在应用程序的整个生命周期内保持增强状态。当应用程序通过 Spring 容器获取该代理对象并调用其方法时，代理机制会拦截方法调用，并根据配置触发相应的通知。

对于 JDK 动态代理，Spring 通过接口生成代理对象。因此，为了确保切面逻辑生效，应使用接口类型从 Spring 容器中获取 Bean。如果使用实现类类型获取 Bean，则可能返回未经代理的原始对象，导致切面逻辑失效。而对于 CGLIB 代理，Spring 生成目标类的子类对象并将其作为代理对象。因此，可以直接使用目标类类型从 Spring 容器中获取 Bean，获取的对象是包含了切面逻辑的代理对象。

Spring 提供了基于 XML 和基于注解的 Spring AOP 实现。基于 XML 的方式在早期版本的 Spring 中较为常见，但随着注解的流行，它逐渐被注解的配置方式取代。

3.5　基于 XML 实现 Spring AOP

基于 XML 实现 Spring AOP 时，需要在 Spring 配置文件中配置切面、切入点表达式和通知等 AOP 组件，并通过标签描述 AOP 的逻辑和行为。接下来，通过具体案例介绍基于 XML 配置的 Spring AOP 实现。

首先，定义接口 CityDao，代码如下。

```java
public interface CityDao {
    int insertCity();
    int deleteCity();
}
```

在接口中声明 insertCity 方法和 deleteCity 方法。

然后，编写 CityDao 实现类 CityDaoImpl，代码如下。

```java
public class CityDaoImpl implements CityDao {
    private static final int ERROR=0;
    private static final int SUCCESS=1;

    @Override
    public int insertCity() {
        System.out.println("insertCity方法执行");
        return SUCCESS;
    }

    @Override
    public int deleteCity() {
        System.out.println("deleteCity方法执行");
        // 模拟异常
        int i = 1/0;
        return SUCCESS;
```

```
        }
    }
```

为了验证异常返回通知，在 deleteCity 方法中抛出算术异常。

在 Spring 配置文件中配置该 Bean，将其纳入 Spring 容器的管理，代码如下。

```
<bean id="cityDao" class="com.cn.dao.impl.CityDaoImpl"/>
```

接下来，编写通知类 MyAdvice 并定义 5 个方法作为前置通知、正常返回通知、异常返回通知、后置通知和环绕通知，代码如下。

```
public class MyAdvice {
    // 前置通知
    public void myBeforeAdvice (JoinPoint joinPoint){
        System.out.println("前置通知：检查当前用户是否具有管理员权限");
        Object target = joinPoint.getTarget();
        String className = target.getClass().getName();
        String methodName = joinPoint.getSignature().getName();
        Object[] args = joinPoint.getArgs();
        System.out.println(className + "类的" + methodName + "方法
被增强,方法的输入参数为" + Arrays.asList(args));
    }

    // 正常返回通知
    public void myAfterReturningAdvice (JoinPoint joinPoint,
Object result){
        System.out.println("正常返回通知");
        Object target = joinPoint.getTarget();
        String className = target.getClass().getName();
        String methodName = joinPoint.getSignature().getName();
        Object[] args = joinPoint.getArgs();
        System.out.println(className + "类的" + methodName + "方法
被增强,方法的输入参数为"
                + Arrays.asList(args) + ",返回结果为" + result.
toString());
    }

    // 异常返回通知
    public void myAfterThrowingAdvice (JoinPoint joinPoint,
Throwable throwable){
        System.out.println("异常返回通知");
        Object target = joinPoint.getTarget();
        String className = target.getClass().getName();
        String methodName = joinPoint.getSignature().getName();
```

```
        Object[] args = joinPoint.getArgs();
        System.out.println(className+"类的"+methodName+"方法被增强,
方法的输入参数为"
                +Arrays.asList（args）+", 异常信息为"+throwable.
toString());
    }

    // 后置通知
    public void myAfterAdvice（JoinPoint joinPoint）{
        System.out.println("后置通知");
        Object target = joinPoint.getTarget();
        String className = target.getClass().getName();
        String methodName = joinPoint.getSignature().getName();
        Object[] args = joinPoint.getArgs();
        System.out.println(className+"类的"+methodName
                +"方法被增强,方法的输入参数为"+Arrays.asList(args));
    }

    // 环绕通知
    public Object myAroundAdvice（ProceedingJoinPoint proceeding-
JoinPoint）throws Throwable {
        System.out.println("环绕通知开始");
        Object target = proceedingJoinPoint.getTarget();
        String className = target.getClass().getName();
        String methodName = proceedingJoinPoint.getSignature().
getName();
        Object[] args = proceedingJoinPoint.getArgs();
        //记录方法开始执行的时间
        long start = System.currentTimeMillis();
        //方法执行
        Object result = proceedingJoinPoint.proceed();
        //记录方法执行结束的时间
        long end = System.currentTimeMillis();
        //计算方法执行的耗时
        System.out.println(className+"类的"+methodName
                +"方法被增强,方法的输入参数为"+Arrays.asList（args）+",
方法执行耗时"+（end-start）+"毫秒"）;
        System.out.println("环绕通知结束");
        return result;
    }
}
```

在通知中利用 JoinPoint 和 ProceedingJoinPoint 获取目标方法的详细信息，如类名、方法名和输入参数等。同样地，在 Spring 配置文件中配置该 Bean，代码如下。

```xml
<bean id="myAdvice" class="com.cn.advice.MyAdvice"/>
```

最后，在 Spring 配置文件中进行 AOP 配置。<aop:config>标签是 AOP 配置的根元素，在其中可以定义多个切面，每个切面包含一个或多个切入点和通知，代码如下。

```xml
<?xml version="1.0" encoding="UTF-8"?>
<beans 省略非核心代码>
    <!--配置 Dao 层 Bean-->
    <bean id="cityDao" class="com.cn.dao.impl.CityDaoImpl"/>
    <!--配置切面 Bean-->
    <bean id="myAdvice" class="com.cn.advice.MyAdvice"/>

    <!--开启 AOP 配置-->
    <aop:config>
        <!--配置切面-->
        <aop:aspect ref="myAdvice">
            <!--配置切入点-->
            <aop:pointcut    id="myPointCut"    expression="execution
(public * com.cn.dao.CityDao.*（..))"/>
            <!--配置前置通知-->
            <aop:before    method="myBeforeAdvice"    pointcut-ref=
"myPointCut"/>
            <!--配置正常返回通知-->
            <aop:after-returning    method="myAfterReturningAdvice"
returning="result" pointcut-ref="myPointCut"/>
            <!--配置异常返回通知-->
            <aop:after-throwing method="myAfterThrowingAdvice" throwing
="throwable" pointcut-ref="myPointCut"/>
            <!--配置后置通知-->
            <aop:after method="myAfterAdvice" pointcut-ref= "myPo-
intCut"/>
            <!--配置环绕通知-->
            <!--<aop:around method="myAroundAdvice" pointcut-ref=
"myPointCut"/>-->
        </aop:aspect>
    </aop:config>
</beans>
```

　　首先，利用<aop:aspect>标签定义切面，该标签的 ref 属性指向已配置的切面 Bean。然后，在<aop:aspect>标签中利用<aop:pointcut>标签配置切入点，并利用切入点表达式指定切面切入 com.cn.dao.CityDao 接口中的所有公共方法。接下来，在<aop:aspect>标签中配置各种通知。

　　利用<aop:before>标签配置前置通知。该标签的 pointcut-ref 属性引用已定义的切入点表达式，method 属性指定通知类中的方法，用于告知 Spring 框架在目标方法执行前调用哪个方法实现前置通知。

　　利用<aop:after-returning>标签定义正常返回通知。该标签中 returning 属性指定正常返回通知中的某个形参接收目标方法的返回值。所以，returning 属性的值与通知 myAfterReturningAdvice 的形参名 result 保持一致。

　　利用<aop:after-throwing>标签定义异常返回通知。类似地，该标签的 throwing 属性值与通知 myAfterThrowingAdvice 的形参名保持一致，用于指定异常返回通知的某个形参接收目标方法抛出的异常。

　　利用<aop: after>标签配置后置通知。后置通知的实现与前置通知类似，主要的差别在于通知的执行时机，这里不再赘述。

　　利用<aop: around>标签配置环绕通知。

　　完成以上配置后测试 CityDao 的 insertCity 方法。为了便于观察通知执行顺序，请注释掉与环绕通知相关的配置，测试代码如下。

```
@Test
public void testPermissionCheck () {
// 省略非核心代码
CityDao cityDao = applicationContext.getBean (CityDao.class);
cityDao.insertCity ();
}
```

　　测试结果如下。

```
前置通知：检查当前用户是否具有管理员权限
com.cn.dao.impl.CityDaoImpl 类的 insertCity 方法被增强,方法的输入参数为[]
insertCity 方法执行
正常返回通知
com.cn.dao.impl.CityDaoImpl 类的 insertCity 方法被增强,方法的输入参数为
[],返回结果为1
后置通知
com.cn.dao.impl.CityDaoImpl 类的 insertCity 方法被增强,方法的输入参数为[]
```

　　类似地，测试 CityDao 的 deleteCity 方法，测试结果如下。

前置通知：检查当前用户是否具有管理员权限

com.cn.dao.impl.CityDaoImpl 类的 deleteCity 方法被增强,方法的输入参数为[]

deleteCity 方法执行

异常返回通知

com.cn.dao.impl.CityDaoImpl 类的 deleteCity 方法被增强,方法的输入参数为

[],异常信息为 java.lang.ArithmeticException: / by zero

后置通知

com.cn.dao.impl.CityDaoImpl 类的 deleteCity 方法被增强,方法的输入参数为[]

完成以上两次测试后，取消与环绕通知相关的注释并注释掉其他通知，再次测试 CityDao 的 insertCity 方法，测试结果如下。

环绕通知开始

insertCity 方法执行

com.cn.dao.impl.CityDaoImpl 类的 insertCity 方法被增强,方法的输入参数为

[],方法执行耗时 0 毫秒

环绕通知结束

3.6 基于注解实现 Spring AOP

使用 XML 配置虽然实现了 AOP 功能，但配置过程较为烦琐。为了简化配置并提高代码的可读性，在 Java 代码中使用注解声明切面和通知。在本示例中，原有的 CityDao 接口及其实现类 CityDaoImpl 无须改动。

首先，创建切面类 MyAdvice，代码如下。

```
@Component
@Aspect
public class MyAdvice {
    // 定义切入点
    @Pointcut (value = "execution (public * com.cn.dao.CityDao.*
(..)) ")
    private void myPointCut () {

    }

    // 前置通知
    @Before (value = "myPointCut () ")
    public void myBeforeAdvice (JoinPoint joinPoint) {
        // 省略与之前案例完全一样的代码
    }
```

```
    // 正常返回通知
    @AfterReturning (value="myPointCut () ",returning="result")
    public  void  myAfterReturningAdvice  ( JoinPoint  joinPoint,
Object result){
        // 省略与之前案例完全一样的代码
    }

    // 异常返回通知
    @AfterThrowing (value="myPointCut () ",throwing="throwable")
    public  void  myAfterThrowingAdvice  ( JoinPoint  joinPoint,
Throwable throwable){
        // 省略与之前案例完全一样的代码
    }

    // 后置通知
    @After (value= "myPointCut () ")
    public void myAfterAdvice (JoinPoint joinPoint){
        // 省略与之前案例完全一样的代码
    }

    // 环绕通知
    @Around (value= "myPointCut () ")
    public Object myAroundAdvice (ProceedingJoinPoint proceeding-
JoinPoint)throws Throwable  {
        // 省略与之前案例完全一样的代码
    }

}
```

　　在 MyAdvice 类中使用@Aspect 注解将该类标记为切面，并使用@Component
注解将其纳入 Spring 容器的管理。在 MyAdvice 类上中利用@Pointcut 注解定义
一个无输入参数、无返回值、无实际逻辑的方法 myPointCut 作为切入点，方法
名即为切入点名字，同时利用@Pointcut 注解的 value 属性定义切入点表达式。
在 MyAdvice 类中利用@Before、@AfterReturning、@AfterThrowing、@After 和
@Around 注解配置前置通知、正常返回通知、异常返回通知、后置通知和环绕
通知。这些注解都有一个 value 属性，用于指定切入点表达式，以确保这些通知
仅在与之匹配的目标方法上被执行。

　　接下来，创建 Spring 配置类 SpringConfig，代码如下。

```
@Configuration
@ComponentScan ("com.cn")
@EnableAspectJAutoProxy
public class SpringConfig {

}
```

在 SpringConfig 类中，使用@Configuration 注解将其标记为 Spring 的配置类，以替代传统的 XML 配置文件。通过@ComponentScan 注解指定组件扫描范围，Spring 将自动扫描并注册 com.cn 包及其子包中的组件。同时，使用@EnableAspectJAutoProxy 注解启用基于注解的 AOP 功能。

3.7 本章总结

本章主要讲解 Spring AOP 的核心概念及其实现方式。首先，介绍 AOP 的基本理念及其在项目开发中的应用场景。随后，详细介绍代理模式的实现方式，着重分析 JDK 代理和 CGLIB 代理的工作原理及特点。在代理模式的基础上，进一步介绍 Spring AOP 组件，如切面、通知和切入点，并深入解析这些组件的配置方法。最后，通过具体案例展示基于 XML 和注解的 Spring AOP 实现过程，帮助读者掌握不同场景下的 AOP 使用技巧。

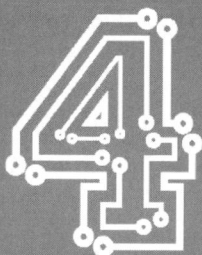

第 4 章
CHAPTER 4

Spring 数据库编程

Data Access 是 Spring 框架的数据访问模块,它通过统一的抽象层屏蔽了不同数据库的底层差异、简化了数据访问操作。开发者只需专注于业务逻辑的实现,即可在保持代码简洁性的同时提升系统的跨平台迁移能力。Data Access 的核心功能包括 JdbcTemplate、声明式事务管理、ORM 框架集成,以及可配置的数据源等。

4.1　JdbcTemplate 基本操作

传统的 JDBC 操作需要加载驱动、建立连接、创建 Statement 对象、执行 SQL 语句、处理结果集以及关闭连接等多个步骤。整个流程复杂冗长，且在资源关闭和异常处理时容易出现错误。为简化这个流程，Spring 框架引入了 JdbcTemplate 组件。JdbcTemplate 封装了 JDBC 核心功能并简化了细节，使开发者能专注于编写 SQL 语句和处理数据逻辑。JdbcTemplate 提供灵活的定制选项，允许开发者根据需求自定义 SQL 语句、参数绑定和结果集映射逻辑。此外，JdbcTemplate 能与 Spring 框架的其他组件（如事务管理、数据源配置等）无缝集成，为开发者提供一站式数据库访问解决方案。

JdbcTemplate 类继承自 JdbcAccessor 并实现了 JdbcOperations 接口，JdbcTemplate 类的常用方法如表 4-1 所示。

表 4-1　JdbcTemplate 类的常用方法

方　　法	作　　用
int update（String sql, Object... args）	执行增加、修改、删除操作。参数 sql 表示待执行的数据库语句，args 用于替换 SQL 语句中的占位符。该方法的返回值表示受更新操作影响的行数
List<T> query（String sql, RowMapper<T> rowMapper, Object... args）	查询多个对象。参数 sql 表示待执行的数据库语句，rowMapper 表示将查询结果封装成何种类型的 JavaBean，args 用于替换 SQL 语句中的占位符。该方法的返回值为查询到的对象的集合
T queryForObject（String sql, RowMapper< T > rowMapper, Object... args）	查询单个对象。参数 sql 表示待执行的数据库语句，rowMapper 表示将查询结果封装成何种类型的 JavaBean，args 用于替换 SQL 语句中的占位符。该方法返回查询到的单个对象

关于以上方法的具体应用，将在后续章节中详细介绍。

4.2　JdbcTemplate 应用案例

在了解 JdbcTemplate 的基本概念和使用方法后，接下来通过案例介绍 JdbcTemplate 在实际开发中的具体应用。

第一步，创建银行账户表 account，代码如下。

```
-- 创建数据库
DROP DATABASE IF EXISTS jdbctemplatedemo;
CREATE DATABASE jdbctemplatedemo;
use jdbctemplatedemo;

-- 创建 account 表
CREATE TABLE account (
  id INT primary key auto_increment,
  username VARCHAR (50),
  balance INT
);

-- 向 account 表插入数据
INSERT INTO account (username,balance) VALUES ("lucy",2000);
INSERT INTO account (username,balance) VALUES ("momo",3000);
INSERT INTO account (username,balance) VALUES ("xixi",4000);
INSERT INTO account (username,balance) VALUES ("pepe",5000);
```

该表的 id 字段表示主键，username 字段表示账户名，balance 字段表示账户余额。

第二步，创建表示银行账户的实体类 Account，代码如下。

```
public class Account {
    private Integer id;
    private String username;
    private Integer balance;
    // 省略构造函数、getter 和 setter
}
```

类 Account 与表 account 对应，它拥有三个属性，分别表示账户 id、账户名和账户余额。

第三步，定义 Dao 层接口 AccountDao，代码如下。

```
public interface AccountDao {
    // 添加账户
    int addAccout (Account account);
    // 更新账户
    int updateAccount (Account account);
    // 删除账户
    int deleteAccount (int id);
    // 依据 id 查询账户
    Account findAccountByID (int id);
```

```
    // 查询所有账户
    List<Account> findAllAccount ();
}
```

在 AccountDao 中声明与账户增删改查相关的方法。

第四步，创建 AccountDaoImpl 实现接口 AccountDao，代码如下。

```
public class AccountDaoImpl implements AccountDao {
    private JdbcTemplate jdbcTemplate;

    public JdbcTemplate getJdbcTemplate () {
        return jdbcTemplate;
    }

    public void setJdbcTemplate (JdbcTemplate jdbcTemplate) {
        this.jdbcTemplate = jdbcTemplate;
    }
    // 省略待实现的 AccountDao 接口方法
}
```

AccountDaoImpl 中持有一个 JdbcTemplate 类型的成员变量，在后续操作中使用该变量执行数据库的增删改查操作。

第五步，创建数据库配置文件 db.properties，代码如下。

```
db.driver=com.mysql.jdbc.Driver
db.url=jdbc:mysql://localhost:3306/jdbctemplatedemo
db.username=root
db.password=root
```

在项目开发中，请依据实际情况为 db.driver、db.url、db.username 及 db.password 等配置赋值。

第六步，编写 Spring 配置文件，代码如下。

```
<!--加载 db.properties 属性配置文件 -->
<context:property-placeholder location="classpath:db.properties"/>

<!--配置数据源 -->
<bean id="myDruidDataSource" class="com.alibaba.druid.pool. Druid-
DataSource">
    <property name="username" value="${db.username}" />
    <property name="password" value="${db.password}" />
    <property name="driverClassName" value="${db.driver}" />
    <property name="url" value="${db.url}" />
</bean>
```

```
<!--配置 JdbcTemplate -->
<bean  id="myJdbcTemplate"  class="org.springframework.jdbc.core.
JdbcTemplate">
    <property name="dataSource" ref="myDruidDataSource"/>
</bean>

<!--配置 AccountDaoImpl -->
<bean id="accountDaoImpl" class="com.cn.dao.impl.AccountDaoImpl">
    <property name="jdbcTemplate" ref="myJdbcTemplate"/>
</bean>
```

在该配置文件中，使用<context:property-placeholder>标签加载数据库配置文件。接着，配置 DruidDataSource 类型的 Bean 作为数据库连接池，并通过$\{\}$将 db.properties 文件中的配置注入 DruidDataSource 的相应属性。然后，配置 JdbcTemplate 类型的 Bean，并将之前配置的 DruidDataSource 作为数据源注入 JdbcTemplate。最后，配置 AccountDaoImpl 类型的 Bean，并将配置好的 JdbcTemplate 注入 AccountDaoImpl。

第七步，在 AccountDaoImpl 中实现 addAccount 方法用于新增账户，代码如下。

```
public int addAccount (Account account){
    String sql="insert  into  account ( username,balance ) value
(?,?)";
    String username=account.getUsername ();
    Integer balance = account.getBalance ();
    Object[] argsObjectArray=new Object[] {username,balance};
    int result=jdbcTemplate.update (sql, argsObjectArray);
    return result;
}
```

该方法接收 Account 类型的输入参数。先编写带占位符的 SQL 语句，从参数中提取账户名和账户余额，再将它们与 SQL 语句一起作为参数传递给 JdbcTemplate 的 update 方法执行插入操作。账户的更新和删除操作与此类似，这里不再赘述。

第八步，在 AccountDaoImpl 中实现 findAccountByID 方法用于查询指定 id 的账户，代码如下。

```
public Account findAccountByID (int id){
    String sql="select * from account where id=?";
    RowMapper<Account>  rowMapper=new  BeanPropertyRowMapper<  >
(Account.class);
```

```
    Object[] argsObjectArray=new Object[] {id};
    Account account=jdbcTemplate.queryForObject ( sql, rowMapper,
argsObjectArray);
    return account;
}
```

该方法接收账户 id，并使用 BeanPropertyRowMapper 映射查询结果。然后调用 JdbcTemplate 的 queryForObject 方法执行查询操作，并将查询结果自动转换为 Account 类型的对象。查询所有账户的操作与此类似，这里不再赘述。

4.3 Spring 事务管理概述

事务管理确保数据在并发访问时的完整性、一致性和可靠性。事务管理不仅适用于数据库操作，还被应用于消息队列和分布式系统等复杂场景。Spring 框架提供了用于事务处理的组件，使开发者能够更高效地管理事务。

4.3.1 数据库事务主要特征

为保证数据库操作的准确性和稳定性，数据库事务必须满足四个特性，即原子性、一致性、隔离性和持久性，简称 ACID。

1．原子性

原子性要求将事务内的所有操作为一个整体执行。也就是说，事务中的所有操作要么全部成功，要么全部失败。

2．一致性

一致性确保事务执行后，数据库从一个一致的状态转换为另一个一致的状态。例如，在转账业务中，事务必须确保转账前后各账户的总额保持不变。

3．隔离性

隔离性指多个事务并发执行时，每个事务都在不受干扰的状态下运行。数据库系统通常使用事务隔离级别和锁机制保障事务的隔离性。

4．持久性

事务提交后，对数据的更改是永久性的，即使系统崩溃或发生故障，数据库在重新启动后也能恢复到事务提交后的状态。

4.3.2 数据库事务基本操作

数据库事务的基本操作包括开始、执行、提交和回滚。

1．开始事务

事务可以通过显式或隐式方式触发。显式方式通常通过特定的 SQL 语句（如 START TRANSACTION）实现。隐式方式则在执行第一条修改数据的 SQL 语句时自动触发。

2．执行事务

事务开始后，可在其中执行插入、更新、删除等数据库操作。

3．提交事务

当事务中的所有操作都成功完成后，事务将被提交。提交操作将使事务中的所有修改永久生效，并释放事务执行期间占用的资源。

4．回滚事务

事务执行过程中一旦出现错误或系统崩溃，数据库系统将执行回滚，撤销已执行的操作，使数据库恢复至事务开始前的状态。

4.3.3　Spring 事务管理接口

Spring 框架使用 PlatformTransactionManager 、 TransactionStatus 和 TransactionDefinition 三个接口实现事务管理。

1．PlatformTransactionManager

PlatformTransactionManager 接口定义了事务管理的基本操作，例如事务的开启、提交和回滚。Spring 为不同的持久化框架提供了基于 PlatformTransaction-Manager 接口的事务管理器实现，例如 DataSourceTransactionManager 用于 JDBC 事务，HibernateTransactionManager 用于 Hibernate 事务，JpaTransactionManager 用于 JPA 事务等。

PlatformTransactionManager 接口的主要方法及作用如表 4-2 所示。

表 4-2　PlatformTransactionManager 接口的主要方法及作用

方　　法	作　　用
TransactionStatus getTransaction（TransactionDefinition definition）	获取事务状态信息
void commit（TransactionStatus status）	提交事务
void rollback（TransactionStatus status）	回滚事务

2．TransactionStatus

TransactionStatus 接口用于描述事务的状态信息，判断事务是否是新事务、是否有保存点、是否已完成等。TransactionStatus 接口的常用方法如表 4-3 所示。

表 4-3　TransactionStatus 接口的常用方法

方　　法	作　　用
boolean isCompleted()	判断事务是否已经完成。如果事务已经完成，那么后续的操作（如提交或回滚）将不再有效
boolean hasSavepoint()	判断事务是否有保存点
boolean isRollbackOnly()	判断事务是否被标记为仅回滚
boolean isNewTransaction()	判断事务是否为一个新事务
boolean isCompleted()	判断事务是否已经完成

3．TransactionDefinition

TransactionDefinition 接口用于定义事务属性，例如传播行为、隔离级别、只读属性、超时时间及事务名称。

事务隔离级别决定了多个事务并发执行时，数据的可见性和一致性。不同的隔离级别提供了不同程度的隔离和并发保障。Spring 支持的 5 种事务隔离级别及其特征如表 4-4 所示。

表 4-4　Spring 支持的 5 种事务隔离级别及其特征

隔　离　级　别	特　　征
ISOLATION_DEFAULT	表示使用默认隔离级别。不同数据库系统的默认隔离级别不同
ISOLATION_READ_UNCOMMITTE	表示事务可能读取到其他未提交事务修改的数据。这种级别下可能发生脏读、不可重复读和幻读
ISOLATION_READ_COMMITTED	表示事务只能读取其他事务已经提交的数据。在这种级别下，虽然避免了脏读，但仍可能出现不可重复读和幻读
ISOLATION_REPEATABLE_READ	表示事务内多次读取同一数据将始终得到相同的结果。该级别避免了脏读和不可重复读，但仍可能出现幻读
ISOLATION_SERIALIZABLE	表示各事务按照串行的方式执行，从而避免了脏读、不可重复读和幻读。在该级别下，事务是完全隔离的，因此并发性能可能受到严重影响

在选择隔离级别时，需要根据实际需求进行权衡。较高的隔离级别虽提供更强的数据一致性保证，但会影响数据库的并发性能。大多数应用通常选择

ISOLATION_READ_COMMITTED 或 ISOLATION_REPEATABLE_READ 作为隔离级别。

事务超时时间指事务开始后，如果在指定时间内未完成相关操作，那么系统将自动回滚事务。事务只读特性指事务在执行过程中是否仅读取数据而不修改数据。在只读事务中修改数据将导致异常。如果事务仅涉及读取数据而不修改数据，那么可以将其设置为只读事务，从而提高执行效率。关于 Spring 事务传播特性，后续章节将对其进行详细介绍。目前，在案例中使用其默认值 REQUIRED 即可。

TransactionDefinition 接口的常用方法及作用如表 4-5 所示。

表 4-5　TransactionDefinition 接口的常用方法及作用

方　　法	作　　用
int getIsolationLevel()	获取事务隔离级别
int getPropagationBehavior()	获取事务的传播行为
int getTimeout()	获取事务超时时间（单位为秒）
boolean isReadOnly()	判断事务是否为只读
String getName()	用于获取事务名称

关于以上方法的具体应用，将在后续章节中详细介绍。

4.3.4　Spring 事务管理方式

Spring 框架提供了两种事务管理方式，即编程式事务管理和声明式事务管理。

编程式事务管理指开发者通过手动编写代码控制事务的开始、提交或回滚。示例代码如下。

```
//创建数据库连接
Connection connection;
try{
    //开启事务
    connection.setAutoCommit(false);
    //执行业务逻辑
    //提交事务
    connection.commit();
}catch (Exception e) {
```

```
    //回滚事务
    connection.rollBack();
}finally{
    //释放数据库连接
    connection.close();
}
```

编程式事务管理虽然提供了对事务的控制，但与事务管理相关的代码和业务逻辑紧密耦合。因此，编程式事务管理逐渐被更简洁、更灵活的声明式事务管理替代。

声明式事务基于 AOP 技术，将事务管理逻辑从业务代码中抽离，作为独立切面进行配置。程序运行时，Spring 容器自动为配置了事务管理的方法创建代理，并在方法调用前后插入事务管理逻辑，如开启事务、提交事务或回滚事务。当需要调整事务规则时，只需修改相应的注解或配置，而无须修改业务逻辑代码。这种方式不仅降低了代码耦合度，还使业务逻辑更加清晰。

实现声明式事务管理主要有两种方式，即基于 XML 配置的声明式事务管理和基于注解配置的声明式事务管理，下面结合具体案例对这两种方式进行详细介绍。

4.4 基于 XML 配置的声明式事务管理

开发者在 XML 配置文件中使用<tx:advice>、<tx:attributes>和<tx:method>等标签配置事务，并指定事务属性，如隔离级别、传播行为和回滚策略。使用<aop:advisor>标签关联通知与切入点，确保匹配的方法在调用时遵循配置的事务规则。

Service 层在执行业务逻辑时通常涉及多个 Dao 层操作。为了保证这些 Dao 层操作作为一个整体被成功提交或一并回滚，建议在 Service 层应用事务管理策略。

4.4.1 XML 配置事务管理主要步骤

首先，配置数据源事务管理器。在配置过程中，需将事务管理器与数据源关联，以便统一管理该数据源的所有事务，示例代码如下。

```
<bean id="myDataSourceTransactionManager"
class="org.springframework.jdbc.datasource.DataSourceTransaction
Manager">
```

```
    <!-- ref 属性指向已定义的数据源-->
    <property name="dataSource" ref="myDruidDataSource"></property>
</bean>
```

然后，使用<tx:advice>标签配置事务通知。Spring 框架支持多数据源和多事务管理器，所以需要在 <tx:advice>标签中利用 transaction-manager 属性指定具体采用的事务管理器，示例代码如下。

```
<!-- transaction-manager 指向已定义的数据源事务管理器 -->
<tx:advice id="myAdvice" transaction-manager="myDataSourceTransaction-
Manager">
    <!—省略非核心代码-->
</tx:advice>
```

<tx:advice>标签内部使用<tx:attributes>子标签配置事务属性。在<tx:attributes>标签中可以包含若干<tx:method>标签，每个<tx:method>标签为特定的方法细化事务属性，如传播行为、隔离级别、超时时间等。<tx:method>标签常用属性及其用途如表 4-6 所示。

表 4-6　<tx:method>标签常用属性及其用途

属　　性	用　　途
name	指定应用事务的方法名或方法名模式。例如，name="get*"表示匹配所有以"get"开头的方法名
propagation	指定事务的传播行为，默认值为 REQUIRED
isolation	指定事务的隔离级别
timeout	指定事务的超时时间（单位为秒）
read-only	指定事务是否为只读
rollback-for	指定触发回滚的异常
no-rollback-for	指定不触发回滚的异常

在项目开发过程中，<tx:advice>、<tx:attributes>和<tx:method>标签的常见配置如下。

```
<tx:advice id="……" transaction-manager="……">
    <tx:attributes>
        <tx:method name="……"
                   rollback-for="……"
                   propagation="……"
                   isolation="……"
                   read-only="……"/>
```

```
        </tx:attributes>
    </tx:advice>
```

然后，利用<aop:pointcut>标签配置切入点，示例代码如下。

```
<aop:config>
    <aop:pointcut id="myPointCut" expression="……"/>
    <aop:advisor advice-ref="……" pointcut-ref="……"/>
</aop:config>
```

最后，利用<aop:advisor>标签整合通知和切入点形成切面。

4.4.2　XML 配置事务管理应用案例

接下来，通过银行转账案例展示基于 XML 配置的声明式事务管理。

第一步，创建银行账户表 account，代码如下。

```
-- 创建数据库
DROP DATABASE IF EXISTS aoptransactiondemo;
CREATE DATABASE aoptransactiondemo;
use aoptransactiondemo;

-- 创建 account 表
CREATE TABLE account (
  id INT primary key auto_increment,
  username VARCHAR (50),
  balance INT
);

-- 向 account 表插入数据
INSERT INTO account (username,balance) VALUES ("lucy",4000);
INSERT INTO account (username,balance) VALUES ("xixi",4000);
```

该表中的 id 字段为主键，username 字段表示账户名，balance 字段表示账户余额。在表中插入两个账户，每个账户的余额均为 4000。完成以上操作后，account 表中的数据如图 4-1 所示。

id	username	balance
1	lucy	4000
2	xixi	4000

图 4-1　account 表中的数据（1）

第二步，创建实体类 Account 表示账户，代码如下。

```
public class Account {
    private Integer id;
    private String username;
    private Integer balance;
    // 省略构造函数、getter 和 setter
}
```

类 Account 与表 account 对应，它拥有三个属性，分别表示账户 id、账户名和账户余额。

第三步，定义 Dao 层接口 AccountDao，代码如下。

```
public interface AccountDao {
    void outMoney(String outAccount,double money);
    void inMoney(String inAccount,double money);
}
```

AccountDao 中声明了两个与转账相关的方法。其中，outMoney 方法表示转出，inMoney 方法表示转入。

第四步，定义类 AccountDaoImpl 实现 AccountDao，代码如下。

```
public class AccountDaoImpl implements AccountDao {
    //省略非核心代码
    //转出操作
    @Override
    public void outMoney(String outAccount, double money){
        String outSql="update account set balance=balance-? where
username=?";
        Object[] outArgsObjectArray=new Object[] {money,outAccount};
        jdbcTemplate.update(outSql, outArgsObjectArray);
    }

    //转入操作
    @Override
    public void inMoney(String inAccount, double money){
        String inSql="update account set balance=balance+? where
username=?";
        Object[] inArgsObjectArray=new Object[] {money,inAccount};
        jdbcTemplate.update(inSql, inArgsObjectArray);
    }
}
```

在转出操作和转入操作中，均利用 JdbcTemplate 更新账户余额。

第五步，定义 Service 层接口 AccountService，代码如下。

```
public interface AccountService {
    void transfer（String outAccount, String inAccount, double
```

```
money);
    }
```

在 AccountService 中声明 transfer 方法表示转账业务。

第六步，定义类 AccountServiceImpl 实现 AccountService，代码如下。

```
public class AccountServiceImpl implements AccountService {
private AccountDao accountDao;
//省略非核心代码
    @Override
    public void transfer（String outAccount, String inAccount,
double money）{
        accountDao.outMoney（outAccount, money）;
        accountDao.inMoney（inAccount, money）;
    }
}
```

在 AccountServiceImpl 中调用 AccountDao 实现转账。在此过程中一旦出现异常，事务就回滚数据。

第七步，创建数据库配置文件 db.properties，代码如下。

```
db.driver=com.mysql.jdbc.Driver
db.url=jdbc:mysql://localhost:3306/aoptransactiondemo
db.username=root
db.password=root
```

第八步，在 Spring 配置文件中加载数据库配置文件、定义 Bean、配置 JdbcTemplate、数据源事务管理器和通知，代码如下。

```
<?xml version="1.0" encoding="UTF-8"?>
<beans xmlns="省略非核心代码">

    <!-- 加载 db.properties 属性配置文件 -->
    <context:property-placeholder location="classpath:db.properties"/>

    <!-- 配置数据源 -->
    <bean  id="myDruidDataSource"  class="com.alibaba.druid.pool.
DruidDataSource">
        <property name="username" value="${db.username}" />
        <property name="password" value="${db.password}" />
        <property name="driverClassName" value="${db.driver}" />
        <property name="url" value="${db.url}" />
    </bean>
```

```xml
    <!-- 配置 JdbcTemplate -->
    <bean id="myJdbcTemplate" class="org.springframework.jdbc. core.
JdbcTemplate">
        <!-- ref 属性指向已配置的 DruidDataSource -->
        <property name="dataSource"  ref="myDruidDataSource"/>
    </bean>

    <!-- 配置 AccountDao -->
    <bean id="myAccountDao" class="com.cn.dao.impl.AccountDaoImpl">
        <!-- ref 属性指向已配置的 JdbcTemplate-->
        <property name="jdbcTemplate" ref="myJdbcTemplate"/>
    </bean>

    <!--配置 AccountService-->
    <bean id="accountService" class="com.cn.service.impl. Account-
ServiceImpl">
        <!--ref 属指向已配置的 AccountDao-->
        <property name="accountDao" ref="myAccountDao"></property>
    </bean>

    <!-- 配置数据源事务管理器 -->
    <bean id="myDataSourceTransactionManager"
class="org.springframework.jdbc.datasource.DataSourceTransactionMana
ger">
        <!-- ref 属性指向已定义的数据源 -->
        <property name="dataSource" ref="myDruidDataSource"> </property>
    </bean>

    <!--配置事务通知-->
    <tx:advice  id="myAdvice"  transaction-manager="myDataSource-
TransactionManager">
        <!--配置通知属性-->
        <tx:attributes>
            <tx:method name="tran*"
                    rollback-for="java.lang.Exception"
                    propagation="REQUIRED"
                    isolation="DEFAULT"
                    read-only="false"/>
        </tx:attributes>
    </tx:advice>
```

```xml
    <!--开启 AOP 配置-->
    <aop:config>
        <aop:pointcut id="myPointCut"
          expression="execution (* com.cn.service.AccountService.*
(..)) "/>
        <!--配置切面-->
        <aop:advisor advice-ref="myAdvice" pointcut-ref="myPoint-
Cut"/>
    </aop:config>
</beans>
```

对于以上代码，我们重点关注与事务管理直接相关的配置。首先，通过
<tx:advice>标签定义事务通知 myAdvice，在该通知内使用<tx:method>标签指定
所有以 "tran" 开头的方法的事务属性。其中，rollback-for 属性设置为
java.lang.Exception，表示这些方法抛出此类型的异常时将触发事务回滚；
isolation 属性设置为 DEFAULT，表示采用数据库默认隔离级别；read-only 属性
设置为 false，表示事务不是只读的。接着，在<aop:config>标签中，通过
<aop:pointcut>标签定义切入点 myPointCut，其表达式 execution（* com.cn.service.
AccountService.*（..））用于匹配 com.cn.service.AccountService 接口中的所有方
法。最后，通过<aop:advisor>标签定义切面将事务通知与切入点关联，所有被切
入点表达式匹配到的方法，都将遵循 myAdvice 中定义的事务管理逻辑。

完成以上配置后，从 Spring 容器中获取实例并执行转账操作，代码如下。

```java
public class SpringTest {
    @Test
    public void testTransfer () {
        //省略非核心代码
        AccountService accountService= applicationContext.getBean
(AccountService.class);
        accountService.transfer ("lucy", "xixi", 1000);
    }
}
```

在测试代码中，名为 lucy 的账户向名为 xixi 的账户转账 1000 元，执行单元
测试后查看 account 表中的数据，如图 4-2 所示。

id	username	balance
1	lucy	3000
2	xixi	5000

图 4-2　account 表中的数据（2）

从测试结果可以看出，转账业务得到了正常执行。接下来，在转出操作和转入操作之间模拟错误，代码如下。

```
public void transfer (String outAccount, String inAccount, double money) {
    accountDao.outMoney (outAccount, money);
    // 模拟错误
    int i = 1/0;
    accountDao.inMoney (inAccount, money);
}
```

完成以上修改后再次测试，程序抛出 java.lang.ArithmeticException 异常，控制台打印如下异常信息。

```
java.lang.ArithmeticException: / by zero
```

根据事务中 rollback-for 的配置规则，数据库执行回滚操作。所以，虽然程序在执行转出操作后才发生异常，但是被转出账户的余额并没有发生变化。再次查看 account 表中的数据，如图 4-3 所示。

id	username	balance
1	lucy	3000
2	xixi	5000

图 4-3　account 表中的数据（3）

4.5　基于注解配置的声明式事务管理

基于 XML 的事务配置方式复杂性较高，在实际应用中受到一定限制。相比之下，基于注解的配置方式更具优势，开发者只需在需要事务支持的方法或类上添加注解即可实现事务管理。这种配置方式简洁直观，将事务配置与业务代码紧密结合，有效降低配置出错的风险。

4.5.1　注解配置事务管理核心注解

Spring 框架使用@Transactional 注解实现声明式事务管理。当@Transactional注解应用于方法时，表示该方法将在事务中运行。当@Transactional 注解应用于类时，表示该类中的所有方法都将在事务上下文中运行。如果类和方法同时使用了@Transactional 注解，则方法级别的事务设置将覆盖类级别的事务设置。@Transactional 注解的功能与<tx:advice>标签相同，二者的属性也一一对应，示例代码如下。

```
@Transactional
@Service
public class UserServiceImpl implements UserService {
    //省略非核心代码
    @Transactional (propagation = Propagation.REQUIRED,
            isolation = Isolation.DEFAULT,
            rollbackFor = {Exception.class},
            readOnly = false)
    @Override
    public int changeData () {
    }
}
```

在该示例中，类 UserServiceImpl 和方法 changeData 都使用了@Transactional 注解。当 changeData 被调用时，Spring 容器将应用方法级别上定义的事务配置。

4.5.2 注解配置事务管理应用案例

下面使用基于注解配置的声明式事务管理实现之前的转账案例。

首先，在业务层接口实现类的 transfer 方法上使用@Transactional 注解配置事务，代码如下。

```
@Service
public class AccountServiceImpl implements AccountService {
    @Autowired
    private AccountDao accountDao;

    // 转账业务
    @Transactional (propagation = Propagation.REQUIRED,
            isolation = Isolation.DEFAULT,
            rollbackFor = {Exception.class},
            readOnly = false)
    @Override
    public void transfer ( String outAccount, String inAccount,
double money) {
        // 省略非核心代码
    }
}
```

从以上代码可以看出，以往需要通过复杂的 XML 配置实现的事务管理功能，现在只需使用@Transactional 注解即可轻松实现。

接下来，创建数据库配置类 DBConfig，代码如下。

```
@Configuration
@PropertySource("classpath:db.properties")
public class DBConfig {
    //省略非核心代码
    //配置数据源
    @Bean
    public DataSource druidDataSource() {
        DruidDataSource druidDataSource = new DruidDataSource();
        druidDataSource.setDriverClassName(driver);
        druidDataSource.setUrl(url);
        druidDataSource.setUsername(username);
        druidDataSource.setPassword(password);
        return druidDataSource;
    }


    //配置 JdbcTemplate
    @Bean
    public JdbcTemplate jdbcTemplate(DataSource dataSource){
        return new JdbcTemplate(dataSource);
    }


    //配置数据源事务管理器
    @Bean
    public PlatformTransactionManager platformTransactionManager
(DataSource dataSource){
        DataSourceTransactionManager dataSourceTransactionManager =
new DataSourceTransactionManager();
        dataSourceTransactionManager.setDataSource(dataSource);
        return dataSourceTransactionManager;
    }

}
```

使用@Configuration 注解将该类标识为配置类，使用@PropertySource 注解从类路径加载数据库配置文件。在 DBConfig 中利用@Bean 配置数据源、JdbcTemplate 和数据源事务管理器。

然后，创建 Spring 配置类 SpringConfig，代码如下。

```
@Configuration
@ComponentScan("com.cn")
@Import({DBConfig.class})
```

```
@EnableTransactionManagement
public class SpringConfig {

}
```

在类上使用@Import 注解导入 DBConfig 配置类，使用@EnableTransaction Management 注解开启 Spring 框架对注解驱动事务管理的支持。

最后，通过单元测试对基于注解配置的声明式事务管理进行验证，验证流程与之前完全一致，这里不再赘述。

4.6 Spring 事务传播行为

事务传播行为定义了在处于不同事务中的方法相互调用时，事务应该如何协同工作。例如，当事务方法 A 调用事务方法 B 时，可以规定事务方法 B 在事务方法 A 的现有事务中运行，也可以规定事务方法 B 开启新的事务执行其操作。

Spring 支持 7 种不同的事务传播行为，包括 REQUIRED、SUPPORTS、MANDATORY、REQUIRES_NEW、NOT_SUPPORTED、NEVER 和 NESTED，各传播行为的特征及其应用场景如表 4-7 所示。

表 4-7　事务传播行为的特征及应用场景

传　播　行　为	特征及应用场景
REQUIRED	默认的事务传播行为。如果当前环境存在事务，则加入该事务；否则新建一个事务。这种行为确保了被调用方法总是在事务环境中执行
SUPPORTS	如果当前环境存在事务，则加入该事务；否则以非事务的方式执行。这种行为不会主动创建新事务，而是根据当前环境来决定是否使用事务
MANDATORY	如果当前环境存在事务，则加入该事务；否则抛出异常。这种行为强制要求被调用方法必须在事务环境中执行
REQUIRES_NEW	无论当前环境是否存在事务，都会为当前方法新建一个事务。如果当前环境存在事务，那么该事务会被挂起，等待当前方法的事务完成后再继续执行。这种行为确保被调用方法在新的事务中执行，不受其他事务影响
NOT_SUPPORTED	以非事务方式执行操作，并挂起当前环境中存在的任何事务。这种行为表示被调用方法不需要事务支持，即使存在事务也会被挂起
NEVER	以非事务方式执行当前方法，如果当前环境存在事务则抛出异常。这种行为表示不希望当前被调用方法在事务环境中执行
NESTED	如果当前环境存在事务，则让当前方法作为一个嵌套事务（也称子事务）执行；如果当前环境没有事务，则执行类似 REQUIRED 的行为

在初步了解了 7 种事务传播行为后，下面通过实际案例详细介绍事务传播行为的应用。

首先，创建业务层接口 StudentService，代码如下。

```
public interface StudentService {
    void updateStudent1 ();
    void updateStudent2 ();
    void updateStudent3 ();
}
```

接下来，创建 StudentService 的实现类 StudentServiceImpl，并在该类每个方法上使用@Transactional 注解指定不同的事务传播行为，代码如下。

```
@Service
public class StudentServiceImpl implements StudentService {
    //打印当前事务的名称
    public void printCurrentTransactionName () {
        String currentTransactionName =
                TransactionSynchronizationManager.getCurrentTransa-
ctionName ();
        System.out.println ( "StudentService 中当前事务的名称：
"+currentTransactionName);
    }

    @Transactional (propagation= Propagation.REQUIRES_NEW)
    @Override
    public void updateStudent1 () {
        printCurrentTransactionName ();
    }

    @Transactional (propagation=Propagation.MANDATORY)
    @Override
    public void updateStudent2 () {
        printCurrentTransactionName ();
    }

    @Transactional (propagation=Propagation.REQUIRED)
    @Override
    public void updateStudent3 () {
        printCurrentTransactionName ();
    }

}
```

为便于后续验证，在 StudentServiceImpl 的每个方法中打印当前事务的名称。

类似地，创建业务层接口 TeacherService，代码如下。

```
public interface TeacherService {
    void updateTeacher1 ();
    void updateTeacher2 ();
    void updateTeacher3 ();
}
```

接下来，创建 TeacherService 的实现类 TeacherServiceImpl，并在每个方法中打印当前事务的名称。其中，在前两个方法上使用@Transactional 注解指定事务传播行为，最后一个方法没有设置任何事务传播行为，代码如下。

```
@Service
public class TeacherServiceImpl implements TeacherService {
    @Autowired
    private StudentService studentService;
     //省略非核心代码
    @Transactional (propagation= Propagation.REQUIRED)
    @Override
    public void updateTeacher1 () {
        printCurrentTransactionName ();
        studentService.updateStudent1 ();
    }

    @Transactional (propagation=Propagation.REQUIRED)
    @Override
    public void updateTeacher2 () {
        printCurrentTransactionName ();
        studentService.updateStudent2 ();
    }

    @Override
    public void updateTeacher3 () {
        printCurrentTransactionName ();
        studentService.updateStudent3 ();
    }

}
```

在 TeacherServiceImpl 中注入 StudentService 对象，并在每个方法中调用

StudentService 的方法。例如，在 updateTeacher1 方法中调用 updateStudent1 方法，在 updateTeacher2 方法中调用 updateStudent2 方法，以此类推。

最后，在单元测试中对事务传播行为进行测试，代码如下。

```
public class SpringTest {
    @Test
    public void testTransactionPropagation（）{
        //省略非核心代码
        TeacherService teacherService= applicationContext.getBean
（TeacherService.class）;
        teacherService.updateTeacher1（）;
    }

}
```

在单元测试中，获取 TeacherService 类型的 Bean 并调用其 updateTeacher1 方法。

执行单元测试后，控制台输出打印结果如下。

```
TeacherService 中当前事务的名称: com.cn.service.impl.TeacherServiceImpl.
updateTeacher1
    StudentService 中当前事务的名称: com.cn.service.impl.StudentServiceImpl.
updateStudent1
```

从测试结果可以看出，在 updateTeacher1 方法中获取的当前事务为 com.cn.service.impl.TeacherServiceImpl.updateTeacher1。由于 updateStudent1 方法的事务传播行为为 REQUIRES_NEW，因此在该方法内获取的当前事务名称为 com.cn.service.impl.StudentServiceImpl.updateStudent1。该事务与 updateTeacher1 方法中的事务彼此独立，互不影响。本次测试结果有效验证了 REQUIRES_NEW 传播行为的效果。请读者按照本示例的思路，自行验证 Spring 框架中其他的事务传播行为。

4.7　Spring 整合 MyBatis

MyBatis 作为广泛应用于企业开发的持久层框架，以灵活高效而备受开发者青睐。将 Spring 与 MyBatis 整合，可以充分发挥二者的优势，进一步提升开发效率。二者整合的核心是将 MyBatis 的 SqlSessionFactory 对象纳入 Spring 容器管理，简化配置流程、降低模块耦合度。

Spring 与 MyBatis 的整合包括以下步骤。首先，在项目的依赖管理中添加

Spring 框架、MyBatis 和 MySQL 等必要的依赖项。接着，定义数据源并配置数据库连接。接下来，配置 MyBatis 分页插件。然后，配置 SqlSessionFactoryBean，并将数据源等注入其中。随后，配置 MapperScannerConfigurer，指定 Mapper 接口所在的包路径。最后，配置数据源事务管理器，并将数据源注入其中。

接下来，通过具体案例介绍 Spring 与 MyBatis 的整合流程及其详细步骤。

在项目的 pom.xml 文件中添加项目所需的依赖，代码如下。

```xml
<dependencies>
    <!--导入 Spring6 依赖-->
    <dependency>
        <groupId>org.springframework</groupId>
        <artifactId>spring-context</artifactId>
        <version>6.0.11</version>
    </dependency>
    <!--导入 Junit 依赖-->
    <dependency>
        <groupId>junit</groupId>
        <artifactId>junit</artifactId>
        <version>4.12</version>
        <scope>test</scope>
    </dependency>
    <!-- 导入 MyBatis 依赖 -->
    <dependency>
        <groupId>org.mybatis</groupId>
        <artifactId>mybatis</artifactId>
        <version>3.5.7</version>
    </dependency>
    <!--导入 MyBatis 分页插件-->
    <dependency>
        <groupId>com.github.pagehelper</groupId>
        <artifactId>pagehelper</artifactId>
        <version>5.3.0</version>
    </dependency>
    <!-- 导入 MySQL 依赖 -->
    <dependency>
        <groupId>mysql</groupId>
        <artifactId>mysql-connector-java</artifactId>
        <version>5.1.37</version>
    </dependency>
    <!--导入 Druid 依赖-->
```

```xml
<dependency>
    <groupId>com.alibaba</groupId>
    <artifactId>druid</artifactId>
    <version>1.2.8</version>
</dependency>
<!--导入 spring-jdbc 依赖-->
<dependency>
    <groupId>org.springframework</groupId>
    <artifactId>spring-jdbc</artifactId>
    <version>5.3.28</version>
</dependency>
<!--导入 mybatis-spring 依赖-->
<dependency>
    <groupId>org.mybatis</groupId>
    <artifactId>mybatis-spring</artifactId>
    <version>3.0.0</version>
</dependency>
    <!--导入 logback 依赖-->
    <dependency>
        <groupId>ch.qos.logback</groupId>
        <artifactId>logback-classic</artifactId>
        <version>1.4.11</version>
    </dependency>
</dependencies>
```

添加以上依赖后请刷新 Maven 工程。

在 MySQL 数据库中创建用户表 user，代码如下。

```sql
-- 创建数据库 springmybatisdemo
DROP DATABASE IF EXISTS springmybatisdemo;
CREATE DATABASE springmybatisdemo;
use springmybatisdemo;

-- 创建用户表 user
CREATE TABLE user (
  id INT primary key auto_increment,
  username VARCHAR (50),
  password VARCHAR (50),
  gender VARCHAR (10)
);


-- 向用户表插入数据
```

```
    INSERT  INTO  user  ( username,password,gender )  VALUES  ( "lucy",
"123456","female");
    INSERT  INTO  user  ( username,password,gender )  VALUES  ( "momo",
"234567","female");
    INSERT  INTO  user  ( username,password,gender )  VALUES  ( "xixi",
"345678","female");
    INSERT  INTO  user  ( username,password,gender )  VALUES  ( "pepe",
"456123","female");
    INSERT  INTO  user  ( username,password,gender )  VALUES  ( "dodo",
"123456","female");
    INSERT  INTO  user  ( username,password,gender )  VALUES  ( "ddxx",
"664567","female");
    INSERT  INTO  user  ( username,password,gender )  VALUES  ( "kkuu",
"775678","female");
    INSERT  INTO  user  ( username,password,gender )  VALUES  ( "ytru",
"886123","female");
```

用户表共有 4 个字段。其中，id 为自增主键，username 表示用户名，password 表示密码，gender 表示性别。

创建数据库配置文件 db.properties，代码如下。

```
db.driver=com.mysql.jdbc.Driver
db.url=jdbc:mysql://localhost:3306/ springmybatisdemo
db.username=root
db.password=root
```

接着，创建用户实体类 User，代码如下。

```java
public class User{
    private Integer id;
    private String username;
    private String password;
    private String gender;
    // 省略构造函数、getter 和 setter
}
```

User 类与 user 表对应，拥有 4 个属性，分别表示用户 id、用户名、密码和性别。

然后，创建 UserMapper 接口，代码如下。

```java
public interface UserMapper {
    //依据 id 查询用户
    User queryUserById (int id);
    //查询所有用户
    List<User> queryAllUser ();
```

```
    //插入用户
    int insertUser (User user);
    //更新用户
    int updateUser (User user);
    //删除用户
    int deleteUserById (Integer id);
}
```

该接口中声明与用户相关的增删改查操作。

接着，在 src/main/resources 目录下创建映射文件 UserMapper.xml，代码如下。

```xml
<?xml version="1.0" encoding="UTF-8" ?>
<省略非核心代码>
<mapper namespace="com.cn.mapper.UserMapper">

    <select id="queryUserById" parameterType="int" resultType=
"com.cn.pojo.User">
        select * from user where id = #{id}
    </select>

    <select id="queryAllUser" resultType="com.cn.pojo.User">
        select * from user
    </select>

    <insert id="insertUser" parameterType="com.cn.pojo.User">
        insert into user ( username,password,gender ) values
(#{username},#{password},#{gender})
    </insert>

    <update id="updateUser" parameterType="com.cn.pojo.User">
        update user set username=#{username},password=#{password},
gender=#{gender} where id=#{id}
    </update>

    <delete id="deleteUserById" parameterType="java.lang.Integer">
        delete from user where id=#{id}
    </delete>

</mapper>
```

在映射文件中通过<select>、<insert>、<update>和<delete>标签定义 SQL 语句实现增删改查。

然后，在 resources 文件夹中创建 Logback 日志配置文件，代码如下。

```xml
<?xml version="1.0" encoding="UTF-8"?>
<configuration debug="true">
    <!-- 指定日志输出位置-->
    <appender   name="STDOUT"   class="ch.qos.logback.core.Console-
Appender">
        <encoder>
            <!-- 日志输出格式 -->
            <pattern>[%d{HH:mm:ss.SSS}] [%-5level] [%thread] [%logger]
[%msg]%n</pattern>
            <charset>UTF-8</charset>
        </encoder>
    </appender>
    <root level="DEBUG">
        <appender-ref ref="STDOUT" />
    </root>
    <!-- 指定mapper 包路径和日志级别 -->
    <logger name="com.cn.mapper" level="DEBUG" />
</configuration>
```

在日志配置文件中，利用<logger>标签指定 mapper 文件所在路径并设置日志级别。

创建业务层接口 UserService，代码如下。

```java
public interface UserService {
    //依据 id 查询用户
    User findUserById (int id);
    //用户数据分页查询
    PageInfo<User> getUserByPage (int pageNumber, int pageSize);
    //更改用户数据
    int changeData ();
}
```

接口文件定义了三个方法。其中，findUserById 方法用于根据 ID 查询用户信息，getUserByPage 方法用于分页查询，changeData 方法用于执行更改操作。

创建业务层接口实现类 UserServiceImpl，代码如下。

```java
@Transactional
@Service
public class UserServiceImpl implements UserService {
    @Autowired
    private UserMapper userMapper;

    @Override
```

```java
    public User findUserById (int id) {
        return userMapper.queryUserById (id);
    }

    @Override
    public PageInfo<User> getUserByPage ( int  pageNumber,  int
pageSize) {
        PageHelper.startPage (pageNumber, pageSize);
        List<User> list = userMapper.queryAllUser ();
        PageInfo<User> pageInfo = new PageInfo<> (list,3);
        return pageInfo;
    }

    @Override
    public int changeData () {
        //更新用户
        User user = new User (2, "dodo", "777777", "female");
        userMapper.updateUser (user);
        System.out.println ("用户更新操作完成");
        //模拟错误
        //int i = 1/0;
        //删除用户
        userMapper.deleteUserById (1);
        System.out.println ("用户删除操作完成");
        return 0;
    }
}
```

在类上使用@Transactional 注解表示对该接口实现类中的所有方法均实现事务管理。在类中利用@Autowired 注解注入 UserMapper 对象，并通过该对象调用 Mapper 层方法。在 changeData 方法中，先执行更新操作后执行删除操作，如果在执行过程中发生异常，那么该方法内的所有操作都将被回滚。

完成以上编码后，创建数据源配置类 DataSourceConfig，代码如下。

```java
@PropertySource ("classpath:db.properties")
public class DataSourceConfig{
    @Value ("${db.driver}")
    private String driver;
    @Value ("${db.url}")
    private String url;
    @Value ("${db.username}")
    private String username;
```

```
@Value ("${db.password}")
private String password;

@Bean
public DataSource dataSource () {
    DruidDataSource druidDataSource = new DruidDataSource ();
    druidDataSource.setDriverClassName (driver);
    druidDataSource.setUrl (url);
    druidDataSource.setUsername (username);
    druidDataSource.setPassword (password);
    return druidDataSource;
}
}
```

在配置类中利用@PropertySource 注解引入外部数据库配置文件，并通过
@Value 注解将配置信息注入配置类的属性。

编写 MyBatis 配置类 MyBatisConfig，代码如下。

```
public class MyBatisConfig {
    // 配置分页插件
    @Bean
    public PageInterceptor pageInterceptor () {
        PageInterceptor pageInterceptor = new PageInterceptor ();
        // 设置分页插件的属性
        Properties properties = new Properties ();
        properties.setProperty ("helperDialect", "mysql");
        properties.setProperty ("params", "count=countSql");
        properties.setProperty ("reasonable", "true");
        properties.setProperty ("support-methods-arguments", "true");
        pageInterceptor.setProperties (properties);
        return pageInterceptor;
    }

    // 定义 SqlSessionFactoryBean
    @Bean
    public SqlSessionFactoryBean sqlSessionFactoryBean ( DataSource
dataSource,PageInterceptor pageInterceptor) {
        SqlSessionFactoryBean sqlSessionFactoryBean = new Sql-
SessionFactoryBean ();
        //设置数据源
        sqlSessionFactoryBean.setDataSource (dataSource);
```

```
        //MyBatis 配置
        Configuration configuration = new Configuration ();
        //开启驼峰映射
        configuration.setMapUnderscoreToCamelCase (true);
        //开启 logback 日志输出
        configuration.setLogImpl (Slf4jImpl.class);
        //开启 ResultMap 自动映射
    configuration.setAutoMappingBehavior (AutoMappingBehavior.FULL);
        //添加 MyBatis 配置
        sqlSessionFactoryBean.setConfiguration (configuration);
        //设置模型类的别名扫描
        sqlSessionFactoryBean.setTypeAliasesPackage ("com.cn.pojo");
        //设置分页插件
        Interceptor[] interceptors = {pageInterceptor};
        sqlSessionFactoryBean.setPlugins (interceptors);
        return sqlSessionFactoryBean;
    }

    // 定义 MapperScannerConfigurer 类型的 Bean
    @Bean
    public MapperScannerConfigurer mapperScannerConfigurer () {
        MapperScannerConfigurer    mapperScannerConfigurer    =    new
MapperScannerConfigurer ();
        mapperScannerConfigurer.setBasePackage ("com.cn.mapper");
        return mapperScannerConfigurer;
    }

    // 定义 PlatformTransactionManager 类型的 Bean
    @Bean
    public PlatformTransactionManager platformTransactionManager
(DataSource dataSource){
        DataSourceTransactionManager dataSourceTransactionManager =
new DataSourceTransactionManager ();
        dataSourceTransactionManager.setDataSource (dataSource);
        return dataSourceTransactionManager;
    }
}
```

　　首先，创建 PageInterceptor 对象作为分页插件。然后，创建一个 SqlSession-
FactoryBean 实例。SqlSessionFactoryBean 是 MyBatis 与 Spring 整合的关键组
件，负责根据数据源、MyBatis 配置项、插件和实体类所在的包名等配置创建

SqlSessionFactory 实例。SqlSessionFactory 是 MyBatis 的核心接口，用于创建 SqlSession 执行 SQL 操作。随后，创建 MapperScannerConfigurer 类型的实例，用于扫描 Mapper 接口并生成代理对象。接下来，创建 PlatformTransactionManager 类型的实例作为数据源事务管理器。

最后，创建 Spring 配置类 SpringConfig，代码如下。

```
@Configuration
@ComponentScan ({"com.cn.mapper","com.cn.service"})
@Import ({DataSourceConfig.class,MyBatisConfig.class})
@EnableTransactionManagement
public class SpringConfig {

}
```

在类上，使用@Configuration 注解标识该类为配置类，并使用@Import 注解导入数据源配置类和 MyBatis 配置类。通过@ComponentScan 注解扫描 Mapper 层和业务层组件所在的包，并使用 @EnableTransactionManagement 注解开启 Spring 框架的事务管理功能。

完成以上配置后，创建测试类进行单元测试，代码如下。

```
public class SpringTest {
    @Test
    public void testFindUserById () {
        //省略非核心代码
        User user = userService.findUserById (1);
        System.out.println (user);
    }

    @Test
    public void testGetUserByPage () {
        //省略非核心代码
        PageInfo<User> pageInfo = userService.getUserByPage (2, 2);
        // 获取分页详情
        long total = pageInfo.getTotal ();
        System.out.println ("数据总条数: " + total);
        int pages = pageInfo.getPages ();
        System.out.println ("总页数: " + pages);
        int pageSize = pageInfo.getPageSize ();
        System.out.println ("每页数据条数: " + pageSize);
        int navigatePages = pageInfo.getNavigatePages ();
        System.out.println ("导航页数量:"+navigatePages);
```

```
        int[] navigatePageNums = pageInfo.getNavigatepageNums ();
        System.out.println ( " 所 有 导 航 页 码 :"+ Arrays.toString
(navigatePageNums));
        int navigateFirstPage = pageInfo.getNavigateFirstPage ();
        System.out.println ("导航起始页码: " + navigateFirstPage);
        int navigateLastPage = pageInfo.getNavigateLastPage ();
        System.out.println ("导航终止页码: " + navigateLastPage);
        int pageNum = pageInfo.getPageNum ();
        System.out.println ("当前页码: " + pageNum);
        // 当前页数据
        List<User> list = pageInfo.getList ();
        System.out.println (list);
    }


    @Test
    public void testChangeData () {
        //省略非核心代码
        UserService    userService    =    applicationContext.getBean
(UserService.class);
        userService.changeData ();
    }

}
```

该测试类包含三个单元测试方法。其中，testFindUserById 方法测试了业务层的 findUserById 方法；testGetUserByPage 方法测试了业务层的 getUserByPage 方法并打印了分页的详细信息，包括总数据条数、总页数、每页数据条数、导航页数量、所有导航页码、导航起始页码、导航终止页码和当前页码；testChangeData 方法测试了业务层的 changeData 方法。

4.8 本章总结

本章主要介绍了 Spring 框架与数据库编程相关的技术。首先，介绍了 JdbcTemplate 的基本操作和应用案例。随后，介绍了数据库事务的基本操作和主要特征。在此基础上，详细讲解 Spring 事务管理的三个核心接口，以及通过 XML 配置和注解配置实现声明式事务管理的方法。此外，本章详细剖析了 Spring 的 7 种事务传播行为。最后，结合案例详细介绍了 Spring 与 MyBatis 的集成。通过学习本章，读者可以深入了解 Spring 数据库编程的原理和技术，掌握其在实际项目中的使用方法。

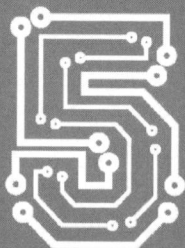

第 5 章

CHAPTER 5

Spring MVC 框架入门

企业级项目通常采用分层架构设计，包括表现层、业务层和持久层。表现层接收客户端请求并做出响应，并将结果数据返回给客户端；业务层专注于业务逻辑的实现与处理；持久层负责与数据库的交互。本章将介绍表现层框架 Spring MVC 的基础知识。

5.1　MVC 模式

MVC 模式由模型（Model）、视图（View）和控制器（Controller）三部分组成。模型负责管理应用程序的数据并执行业务逻辑，视图作为应用程序的用户界面，负责展示数据并与用户交互，控制器充当视图和模型之间的中介，接收用户输入、调用模型处理数据，并更新视图。MVC 模式的工作原理如图 5-1 所示。

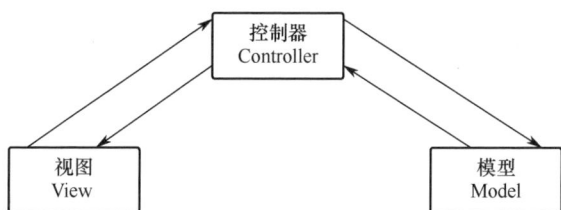

图 5-1　MVC 模式的工作原理

在 MVC 模式中，用户通过视图向控制器发送请求。控制器接收请求后，解析并调用模型处理业务逻辑。随后，模型将处理结果返回给控制器，控制器根据模型结果更新视图并渲染用户界面。

5.2　Spring MVC 概述

Spring Web MVC（以下简称 Spring MVC）是一个构建于 Servlet API 之上的 Web 框架，主要应用于 Web 应用程序的表现层开发。近年来，Spring MVC 凭借其出色的框架设计、卓越的扩展性和高度的灵活性，逐渐超越了 Struts、WebWork 等传统 MVC 框架，成为该领域的佼佼者。

Spring MVC 明确划分了模型、视图和控制器的职责。在模型层，Spring-MVC 提供了 Model、ModelMap 等接口和类，并引入了 ModelAndView 关联模型数据与视图，简化数据绑定过程。在视图层，Spring MVC 支持 JSP、Thymeleaf、FreeMarker 等主流视图模板引擎，并为它们提供了相应的视图解析机制。在控制器层，Spring MVC 利用处理器映射器和处理器适配器，将用户请求分发到控制器，并调用相应的方法处理业务逻辑。通过这种分层设计，Spring MVC 实现了视图与模型数据的解耦，使控制器聚焦请求分发和逻辑处理。

　　Spring MVC 提供了注解和 XML 两种配置方式，自动将请求参数与控制器方法参数绑定，并支持对常见数据类型和复杂对象的验证。Spring MVC 支持 RESTful 编程风格，为开发者构建遵循 REST 原则的 Web 服务提供了便捷支持。作为 Spring 框架的重要组成部分，Spring MVC 具备较强的扩展性，能够轻松与其他 Spring 模块无缝集成。

　　尽管 Spring MVC 能够直接调用原生的 Servlet API，例如 HttpServletResponse、HttpServletRequest、Cookie 和 HttpSession 等，但是，Spring MVC 官方更推荐使用其专门设计的组件和注解构建 Web 应用程序，以充分发挥 Spring MVC 框架的优势。

5.3　Spring MVC 开发入门

　　以下通过两种不同的开发方式，介绍 Spring MVC 的基本使用方法。

5.3.1　基于 XML 配置的 Spring MVC 入门案例

　　创建新项目并在 com.cn 包下编写一个普通的 Java 类 MyController 作为控制器。该类实现 Controller 接口，并重写 handleRequest 方法处理用户请求，代码如下。

```
public class MyController implements Controller {
    @Override
    public ModelAndView handleRequest (HttpServletRequest request,
HttpServletResponse response) throws Exception {
        ModelAndView modelAndView = new ModelAndView ();
        // 将数据保存至 ModelAndView 中
        modelAndView.addObject ("data", "SpringMVC");
        // 设置视图名称
        modelAndView.setViewName ("hello");
        return modelAndView;
    }
}
```

　　在 handleRequest 方法中，首先，创建 ModelAndView 类型的对象 modelAndView。然后，通过 addObject 方法将名为"data"的属性及其值"SpringMVC"添加到 modelAndView 中。随后，调用 setViewName 方法为 modelAndView 对象设置视

图名称为 hello。最后，使用 handleRequest 方法返回 ModelAndView 对象。Spring MVC 框架接收该对象后，将其中的数据传递给名为"hello"的 JSP 页面进行显示。

接下来，在 webapp 目录下创建 views 文件夹，并在其中创建 hello.jsp 文件，代码如下。

```
<!-- 省略非核心代码 -->
<body>
<p>Hi,${data}</p>
</body>
```

在 JSP 文件中通过 EL 表达式获取 ModelAndView 中保存的数据并显示。完成控制器和页面的开发后，入门案例的编码工作已基本完成。

接下来，进行项目的配置工作。在 resources 文件夹中创建 Spring MVC 配置文件 SpringMVCConfig.xml 配置处理器映射器、处理器适配器、视图解析器和自定义控制器，代码如下。

```
<?xml version="1.0" encoding="UTF-8"?>
<beans xmlns="省略非核心代码">
    <!-- 配置处理器映射器 -->
    <bean class="org.springframework.web.servlet.handler.BeanName-
UrlHandlerMapping" />

    <!-- 配置处理器适配器 -->
    <bean class="org.springframework.web.servlet.mvc.SimpleContro-
llerHandlerAdapter" />

    <!-- 配置视图解析器 -->
    <bean class="org.springframework.web.servlet.view.InternalRes-
ourceViewResolver">
        <!-- 指定视图所在位置 -->
        <property name="prefix" value="/WEB-INF/views/"></property>
        <!-- 指定视图的类型 -->
        <property name="suffix" value=".jsp"></property>
    </bean>

    <!-- 配置自定义控制器-->
    <bean name="/test" class="com.cn.MyController" />
</beans>
```

在 Spring MVC 配置文件中，使用 BeanNameUrlHandlerMapping 类型的处理器映射器将请求路由到控制器；使用 SimpleControllerHandlerAdapter 类型的处理器适配器调用控制器处理请求；使用 InternalResourceViewResolver 类型的视图解析器解析视图文件的前缀和后缀。当控制器返回视图名称 hello 时，实际的 JSP 文件路径会被解析为 /WEB-INF/views/hello.jsp。利用 <bean> 标签自定义 com.cn.MyController 类型的控制器 test，表示当用户访问/test 路径时，Spring-MVC 调用 MyController 中的方法处理请求。由于 Spring MVC 提供了默认实现，因此可省略处理器映射器和处理器适配器的相关配置。

接下来，编写 Web 项目的配置文件 web.xml，并在该文件中配置 Spring-MVC 的前端控制器 DispatcherServlet，代码如下。

```xml
<?xml version="1.0" encoding="UTF-8"?>
<省略非核心代码>
  <!-- 配置 DispatcherServlet -->
  <servlet>
    <servlet-name>dispatcherServlet</servlet-name>
    <servlet-class>org.springframework.web.servlet.DispatcherServlet
</servlet-class>
    <init-param>
      <param-name>contextConfigLocation</param-name>
      <!-- 指定 SpringMVC 配置文件路径和名称 -->
      <param-value>classpath:SpringMVCConfig.xml</param-value>
    </init-param>
    <!-- Tomcat 启动时优先加载该 Servlet -->
    <load-on-startup>1</load-on-startup>
  </servlet>

  <!--映射 DispatcherServlet-->
  <servlet-mapping>
    <servlet-name>dispatcherServlet</servlet-name>
    <!-- 拦截所有请求 -->
    <url-pattern>/</url-pattern>
  </servlet-mapping>
</web-app>
```

在 web.xml 中使用<servlet>和<servlet-mapping>标签配置和映射 Servlet。在<servlet>标签中配置 DispatcherServlet，并使用<init-param>标签配置初始化参

数。在<init-param>标签中，通过 contextConfigLocation 属性指定 Spring MVC 配置文件的路径和名称。使用<load-on-startup>标签指定 Servlet 的加载顺序，其值为正整数，值越小优先级越高。此处设置为 1，确保该 Servlet 在 Tomcat 启动时被优先加载。在<servlet-mapping>中，使用<servlet-name>标签引用之前定义的 Servlet，并使用<url-pattern>设置 URL 模式。此处，url-pattern 的值为/，表示该 Servlet 将拦截所有请求路径，即所有请求都会被 DispatcherServlet 拦截并交由 Spring MVC 处理。

从以上配置可以看出，Spring MVC 项目的 web.xml 配置思路与传统 Web 项目是一致的。不同之处在于，Spring MVC 项目中配置的是 Spring MVC 的前端控制器 DispatcherServlet，而不是开发者自定义的 Servlet。最后，部署项目并通过 http://localhost:8080/test 访问资源，浏览器显示页面如图 5-2 所示。

Hi,SpringMVC

图 5-2　浏览器显示页面

当前端通过/test 路径访问项目时，前端控制器将请求转发至 MyController，由其处理并将结果返回至前端页面显示。

5.3.2　基于注解配置的 Spring MVC 入门案例

Spring MVC 的 XML 配置方式虽然直观明了，但随着项目规模的扩大，XML 文件变得越发难以维护。为了解决这个问题，Spring MVC 引入了基于注解的配置模式，开发者可直接在 Java 代码中定义和管理组件。

接下来，使用注解改造之前的案例。首先，编写控制器类 MyController，该类无须实现 Controller 接口，代码如下。

```java
@Controller
public class MyController {
    @RequestMapping ("/test")
    public ModelAndView myMethod () {
        ModelAndView modelAndView = new ModelAndView ();
        // 将数据保存至 ModelAndView 中
        modelAndView.addObject ("data", "SpringMVC");
        // 设置视图名称
        modelAndView.setViewName ("hello");
```

```
        return modelAndView;
    }
}
```

在 MyController 类中使用@Controller 注解将该类标识为控制器。在类中定义 myMethod 方法处理用户请求。与之前的实现相同，在 myMethod 方法内创建 ModelAndView 类型的对象封装数据，并设置视图名称。同时，使用 @RequestMapping 注解将/test 请求映射到 myMethod 方法。当用户访问/test 路径时，Spring MVC 调用 myMethod 方法处理请求并将结果数据交由页面显示。

接下来，创建 Spring MVC 配置类 SpringMVCConfig 替代之前的 Spring-MVCConfig.xml，代码如下。

```
@Configuration
@ComponentScan ("com.cn.controller")
@EnableWebMvc
public class SpringMVCConfig implements WebMvcConfigurer {

    // 配置视图解析器
    @Override
    public void configureViewResolvers ( ViewResolverRegistry
registry) {
        InternalResourceViewResolver internalResourceViewResolver =
new InternalResourceViewResolver () ;
        internalResourceViewResolver.setPrefix ("/WEB-INF/views/") ;
        internalResourceViewResolver.setSuffix (".jsp") ;
        registry.viewResolver (internalResourceViewResolver) ;
    }

    // 配置处理器映射器
    @Bean
    public RequestMappingHandlerMapping requestMappingHandlerMapping
() {
        return new RequestMappingHandlerMapping () ;
    }

    // 配置处理器适配器
    @Bean
    public RequestMappingHandlerAdapter requestMappingHandlerAdapter
() {
        return new RequestMappingHandlerAdapter () ;
    }

}
```

　　SpringMVCConfig 类实现 WebMvcConfigurer 接口，并重写 configureView
Resolvers、RequestMappingHandlerMapping 和 RequestMappingHandlerAdapter 方
法，分别用于配置视图解析器、处理器映射器和处理器适配器。在 Spring-
MVCConfig 类上一共使用了三个注解。其中，@Configuration 注解将该类标记成
Spring 配置类；@ComponentScan 注解用于扫描控制器所在的包；@EnableWebMvc
注解用于开启 Spring MVC 框架对注解驱动控制器的支持。

　　最后，创建 Web 配置类 DispatcherServletInitializer 替代之前的 web.xml，代
码如下。

```
public class DispatcherServletInitializer extends Abstract-
AnnotationConfigDispatcherServletInitializer {

    @Override
    protected Class<?>[] getRootConfigClasses () {
        return null;
    }

    // 创建 Spring MVC 容器
    @Override
    protected Class<?>[] getServletConfigClasses () {
        return new Class[]{SpringMVCConfig.class};
    }

    @Override
    protected String[] getServletMappings () {
        return new String[]{"/"};
    }
}
```

　　配置类 DispatcherServletInitializer 继承自 AbstractAnnotationConfigDispatcher
ServletInitializer，用于初始化 DispatcherServlet 和 Spring 应用上下文。在该类中
重写 getServletConfigClasses 方法加载 Spring MVC 配置类创建 Spring MVC 容
器，重写 getServletMappings 方法定义 DispatcherServlet 的 URL 映射模式。

　　至此，已完成基于注解配置的 Spring MVC 入门案例。该示例的测试方法
与前面的完全一致，这里不再赘述。

　　注意：在当前主流的 Spring MVC 项目中，基于注解的配置方式已逐渐取代

传统的 XML 配置方式，成为开发者的首选。从本章起，本书的后续内容将全部采用注解配置方式进行讲解。

5.4 Spring MVC 核心组件

Spring MVC 框架包含 DispatcherServlet、Handler、HandlerMapping、HandlerAdapter、ModelAndView、ViewResolver 和 View 等组件，下面分别详细介绍。

5.4.1 DispatcherServlet

DispatcherServlet 在 Spring MVC 框架中扮演着核心角色。作为前端控制器，它负责整个请求处理流程的调度，包括接收请求、分发请求、调用处理器、解析视图及处理异常等。通过追溯继承关系，可以看出 DispatcherServlet 是 Servlet 的子类。与原生 Servlet 相比，DispatcherServlet 的功能更强大，设计更优雅，使用起来也更方便。

5.4.2 Handler

Handler 是 Spring MVC 中的处理器，也被称为控制器（Controller）。控制器负责接收请求，返回模型数据与视图名称或直接返回响应体。早期 Spring MVC 版本通过实现 Controller 接口创建控制器，这种方式在现代 Spring MVC 应用中已较少见。随着 Spring 框架的演进，@Controller 注解逐渐成为创建控制器的主流方式。@Controller 注解将控制层的类注册为 Spring 容器中的 Bean，类中的方法负责处理具体请求。此外，Spring MVC 还支持通过实现 HttpRequest-Handler 接口创建控制器，这种方式提供了更底层的 HTTP 请求处理方式，便于对请求与响应进行精细控制。但由于实现相对复杂，这种方式通常仅在特殊场景下被采用。

由于处理器的实现方式不同，Spring MVC 内部通过 HandlerMapping 和 HandlerAdapter 以统一且透明的方式调用不同类型的处理器。Spring MVC 的这种机制让开发者能够灵活地处理各种类型的请求，而无须关心底层的具体实现细节。

5.4.3　HandlerMapping

HandlerMapping 用于将请求路径映射至控制器。HandlerMapping 内部使用 Map 存储映射关系，其中 Key 代表请求路径，Value 为与其对应的控制器。HandlerMapping 接口常用的实现类包括 RequestMappingHandlerMapping、BeanNameUrlHandlerMapping 和 SimpleUrlHandlerMapping 等。在 Spring MVC 应用初始化阶段，HandlerMapping 根据配置和注解构建请求路径与处理器的映射关系，为后续请求的分发和处理做好前期准备工作。

RequestMappingHandlerMapping 扫描所有被标记了@Controller 注解的类，以及类方法上的@RequestMapping 注解（包括其组合注解如@GetMapping、@PostMapping 等）。通过解析这些注解，RequestMappingHandlerMapping 将 URL 路径、HTTP 方法、请求参数等条件转换为具体的映射规则，并将这些规则保存在其内部 Map 中。下面，结合案例分析 RequestMappingHandlerMapping 在应用初始化阶段的主要工作，代码如下。

```java
@Controller
public class MyController {

    @RequestMapping("/hello")
    public String handleHelloRequest(){
        // 省略非核心代码
    }

    @RequestMapping(value = "/goodbye", method = RequestMethod.POST)
    public String handleGoodbyeRequest(@RequestParam("message") String msg){
        // 省略非核心代码
    }
}
```

在初始化过程中，MyController 类被 RequestMappingHandlerMapping 识别为控制器，类中的 handleHelloRequest 方法用于处理对"/hello"路径的 GET 请求，handleGoodbyeRequest 方法用于处理对"/goodbye"路径的 POST 请求。

BeanNameUrlHandlerMapping 根据 Spring 容器中 Bean 的名称实现 URL 请求映射。在默认情况下，Bean 的名称遵循类名的首字母小写规则，但开发者可以通过@Component、@Service、@Repository 或@Controller 等注解自定义 Bean 的名称。例如，一个名为 CustomerController 的类被标记为控制器，且其方法未使用@RequestMapping 等注解指定 URL 映射，那么 BeanNameUrlHandler-Mapping 会将"/customerController"作为 URL 路径映射到这个控制器上。BeanNameUrlHandlerMapping 的映射策略较为直接和简单，不支持指定 HTTP 方法、请求参数、路径变量或请求头等映射功能。因此，推荐使用@RequestMapping 注解进行精细化的请求映射。

SimpleUrlHandlerMapping 通过配置文件或配置类显式定义 URL 与控制器的映射关系，示例代码如下。

```xml
<bean class="org.springframework.web.servlet.handler.SimpleUrlHan-
dlerMapping">
    <property name="mappings">
        <props>
            <prop key="/example">exampleController</prop>
            <!-省略非核心代码 -->
        </props>
    </property>
</bean>
```

在上述配置中，SimpleUrlHandlerMapping 将所有指向"/example"的请求映射到名为 exampleController 的控制器。类似地，可以在配置类中定义 Simple-UrlHandlerMapping 类型的 Bean，并为其设置映射规则，示例代码如下。

```java
@Configuration
public class WebConfig {
    @Bean
    public HandlerMapping simpleUrlHandlerMapping () {
        SimpleUrlHandlerMapping mapping = new SimpleUrlHandlerMapping
();
        // 省略非核心代码
        urlMappings.put ("/example", exampleController ());
        mapping.setMappings (urlMappings);
        // 省略非核心代码
        return mapping;
    }

    @Bean
    public ExampleController exampleController () {
        return new ExampleController ();
    }
}
```

从以上示例可以看出，SimpleUrlHandlerMapping 适用于需要严格控制 URL 路由或不便使用注解进行路由配置的场景。

　　Spring MVC 应用初始化完成后，当用户发起请求时，DispatcherServlet 捕获请求并遍历所有已注册的 HandlerMapping 实现类。各 HandlerMapping 根据预定义的映射规则（例如 URL 路径、HTTP 方法或请求参数等）尝试匹配当前请求。如果某个 HandlerMapping 匹配成功，那么它将返回一个包含控制器和拦截器链的 HandlerExecutionChain 对象。

　　请各位读者回想，在之前的入门案例中用到了哪些 HandlerMapping？

5.4.4　HandlerAdapter

　　为了支持各种实现方式的控制器，Spring MVC 提供了 HandlerAdapter 作为适配器。HandlerAdapter 将各种控制器的调用适配到通用的处理流程中，确保 DispatcherServlet 能够以统一的方式调用和执行不同类型的控制器。Spring MVC 提供了多个 HandlerAdapter 实现类，其中，HttpRequestHandlerAdapter 用于适配实现了 HttpRequestHandler 接口的控制器；SimpleControllerHandlerAdapter 用于适配实现了 Controller 接口的控制器；RequestMappingHandlerAdapter 用于适配使用了@RequestMapping 注解及其组合注解的控制器。

　　请各位读者回想，在之前的入门案例中用到了哪些 HandlerAdapter？

5.4.5　ModelAndView

　　ModelAndView 封装了模型数据和逻辑视图名称。控制器处理完请求后，将模型数据和视图名称封装在 ModelAndView 对象中，并将其返回给前端控制器。

5.4.6　ViewResolver

　　ViewResolver 是 Spring MVC 中的视图解析器，用于将逻辑视图名解析为具体的物理路径，并返回对应的视图对象。Spring MVC 提供了多种 ViewResolver 实现，例如 InternalResourceViewResolver、ThymeleafViewResolver 和 FreeMarker ViewResolver，以支持不同的视图模板引擎。常见视图解析器如表 5-1 所示。

表 5-1　常见视图解析器

视图解析器	作　　用
InternalResourceViewResolver	将逻辑视图名解析为 JSP 文件
ThymeleafViewResolver	将逻辑视图名解析为 Thymeleaf 模板文件
FreeMarkerViewResolver	将逻辑视图名解析为 FreeMarker 模板文件
VelocityViewResolver	将逻辑视图名解析为 Velocity 模板文件

在前后端分离的项目中，后端通常只需返回 JSON 数据，而无须返回页面，因此不必配置视图解析器。

5.4.7　View

视图是 Spring MVC 框架中用于呈现数据的组件。Spring MVC 支持 JSP、Thymeleaf、FreeMarker 和 Velocity 等视图。此外，Spring MVC 提供了 RedirectView 用于处理请求的重定向。

5.5　Spring MVC 工作原理

为深入理解 Spring MVC 的工作原理，我们将追踪从请求从客户端发出，到服务端返回响应的完整路径，呈现清晰、完整的 Spring MVC 运行流程。Spring MVC 的工作原理如图 5-3 所示。

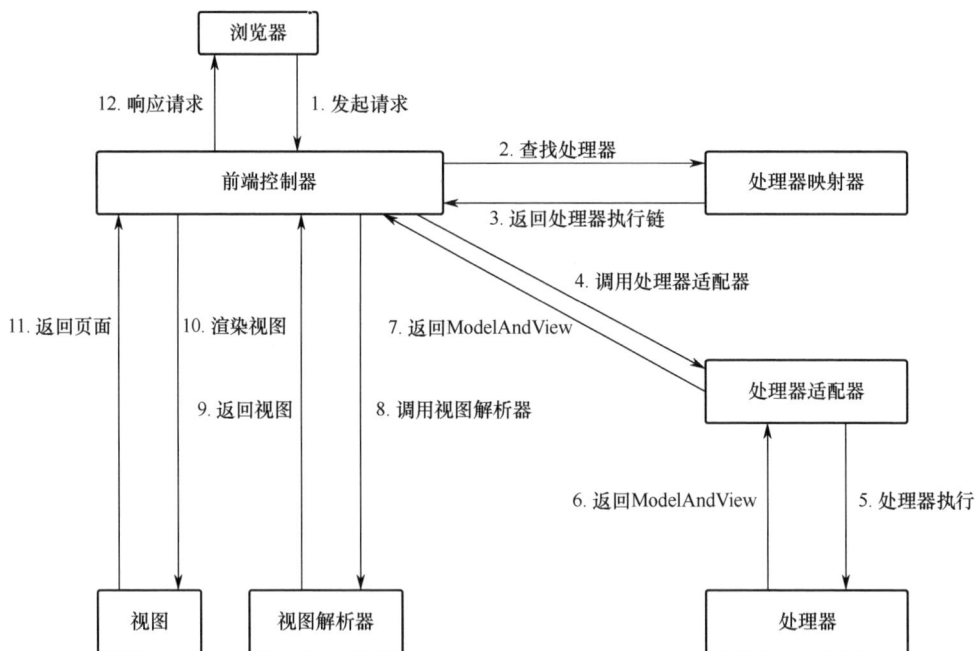

图 5-3　Spring MVC 的工作原理

结合上图，详细分析 Spring MVC 工作流程中的每个步骤。浏览器向服务器发起请求后，前端控制器接收该请求，并通过处理器映射器查找与请求匹配的处理器。处理器映射器返回一个包含处理器和拦截器链的处理器执行链。接着，前端控制器利用处理器适配器调用处理器。处理器执行请求后，使用 ModelAnd-View 封装模型数据和逻辑视图名并返回。前端控制器接收到 ModelAndView 后调用视图解析器，将逻辑视图名解析为视图对象。前端控制器使用模型数据渲染视图对象，并生成最终的结果页面。最后，前端控制器将结果页面以 HTML 等形式返回给浏览器，完成请求处理流程。

5.6　本章总结

　　本章作为 Spring MVC 框架的入门篇，详细介绍了 MVC 模式的核心原理和 Spring MVC 框架的基础知识，通过案例演示了基于 XML 配置和注解配置的 Spring MVC 项目开发方式，深入剖析了 Spring MVC 的核心组件与工作原理，帮助读者更深刻地理解框架内部运行机制，为后续 Web 开发奠定实践基础。

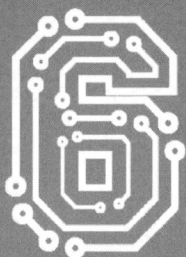

## 第 6 章

Spring MVC 请求映射

Spring MVC 利用请求映射，将 HTTP 请求路由到控制器方法。开发者可以使用注解或配置文件定义请求与控制器方法之间的映射关系。此外，Spring MVC 提供了数据绑定功能，将请求参数、路径变量、请求头以及请求体自动绑定到控制器方法的参数中。

6.1　@RequestMapping 注解

@RequestMapping 是 Spring MVC 框架定义请求映射的核心注解，它既可以应用于类级别，也可以应用于方法级别。在实际开发中，通常在类和方法上同时使用@RequestMapping 注解定义请求映射关系。当@RequestMapping 注解应用于类时，用于指定该类下所有方法的通用 URL 前缀或请求方式；当@RequestMapping 注解应用于方法时，则用于详细定义该方法响应请求的具体条件，例如请求路径、请求方式及请求参数等。若@RequestMapping 注解设置了多个属性，那么请求必须同时满足这些属性定义的条件，才能成功匹配控制器方法。

@RequestMapping 注解常见属性及其作用如下。

6.1.1　value

value 属性是@RequestMapping 注解最基本的配置项，用于指定请求路径。当@RequestMapping 注解仅指定 value 属性时，可以省略属性名 value。例如，可以将@RequestMapping（value="/home"）简写为@RequestMapping（"/home"）。

1．标准路径映射

通过@RequestMapping 注解的 value 属性创建标准路径映射，示例代码如下。

```
@Controller
@RequestMapping ("/uc1")
public class UserController1 {
    @RequestMapping ("/test1")
    public ModelAndView test1 () {
        //省略非核心代码
    }
}
```

该示例中，通过类级别的 @RequestMapping（"/uc1"）和方法级别的@RequestMapping（"/test1"）映射了完整的请求路径。当用户发起路径为"/uc1/test1"的请求时，UserController1 类中的 test1 方法将响应该请求。

2．通配符映射

@RequestMapping 注解支持使用通配符进行映射，常见通配符有?、*和**。

? 通配符用于匹配 URL 路径中的单个字符，示例代码如下。

```
@RequestMapping("/?est2")
public ModelAndView test2(){
    //省略非核心代码
}
```

该示例中，test2 方法匹配长度为 4 且以 est2 结尾的请求路径，例如 "/test2"、"/xest2"和"/yest2"等。

*通配符用于匹配 URL 路径中 0 个或者多个字符，示例代码如下。

```
@RequestMapping("/*est3")
public ModelAndView test3(){
    //省略非核心代码
}
```

该示例中，test3 方法匹配任意长度且以 est3 结尾的请求路径，例如 "/test3"、"/abcest3"和"/zyzkakaest3"等。

**通配符用于匹配 URL 路径中的多级路径，示例代码如下。

```
@RequestMapping("/test4/**")
public ModelAndView test4(){
    //省略非核心代码
}
```

该示例中，test4 方法匹配以/test4/开头的请求路径，例如 "/test4/a"，"/test4/a/b"和"/test4/a/b/c"等。

3. 正则表达式映射

@RequestMapping 注解支持在 value 属性中通过{variable:regex}的方式映射请求，示例代码如下。

```
@RequestMapping("/test5/{username:[a-z0-9]+}")
public ModelAndView test5(){
    //省略非核心代码
}
```

该示例中，test5 方法利用正则表达式匹配以/test5/开头且其后只能包含小写字母或者数字的请求路径，例如"/test5/ab567"、"/test5/1234"和"/test5/abcde"等。

6.1.2 method

method 属性用于限定 HTTP 请求方式，例如 POST、GET、DELETE、PUT 等。例如，@RequestMapping（value = "/saveData", method = RequestMethod. POST）表示该映射仅响应请求路径为/saveData 的 POST 请求。类似地，可采用数组的形式限定请求方式的范围。例如， @RequestMapping（value="/saveData", method={RequestMethod.POST, RequestMethod.GET }）表示该映射响应请求路径为/saveData 的 POST 请求或 GET 请求。

6.1.3　headers

headers 属性用于指定请求中必须包含的 HTTP 头信息。例如，@Request-Mapping（value="/saveData", headers = "Accept=application/json"）表示该映射仅响应路径为/saveData 且请求头中 Accept 值为 application/json 的请求。

6.1.4　params

params 属性用于设置请求参数的匹配条件。例如，@RequestMapping（value = "/search", params = "keyword"）表示请求中必须包含名为 keyword 的参数，又如 @RequestMapping（value = "/someEndpoint", params = "!debug"）表示请求中不能包含名为 debug 的参数，再如@RequestMapping（value = "/editPage", params = "action=edit"）表示请求中必须包含名为 action 的参数并且其值为 edit。此外，params 属性支持使用数组指定多个参数条件。例如@RequestMapping（value = "/combinedParams", params = {"param1", "param2=value2"}）表示请求中必须同时包含 param1 参数和 param2 参数，且 param2 的值必须为 value2。

6.1.5　consumes

consumes 属性用于指定服务端能够接受的请求内容类型（MIME）。例如，@RequestMapping（value = "/upload", consumes = "multipart/form-data"）表示该映射用于处理 multipart/form-data 类型的请求，这种类型常用于文件上传的场景。

6.1.6　produces

produces 属性用于指定服务端响应的媒体类型，以明确告知客户端返回数据的格式。例如，@RequestMapping（value = "/getData", produces = "application/json"）表示返回 application/json 格式的数据。

6.2　组合注解

为了更简洁地定义请求路径和请求方式，Spring 提供了多个组合注解，常用的有

@PostMapping、@GetMapping、@DeleteMapping、@PutMapping 和@PatchMapping
等。其中，@GetMapping 注解是对@RequestMapping（method = RequestMethod.
GET）的简化；同理，@PostMapping 是对 POST 请求映射的简化。组合注解的
属性及用法与@RequestMapping 注解一致，这里不再赘述。

6.3 数据绑定

接下来，介绍将请求参数、请求体和请求头中的数据绑定到控制器方法形参
的常见方式。

6.3.1 绑定请求参数

下面，详细介绍将 HTTP 请求路径中的参数值绑定到控制器方法形参中的具
体操作。

1. 绑定请求参数至简单类型数据

当前端通过 GET、POST 等方式以键-值对形式传递请求参数时，后端控制
器方法通过其形参接收前端传递的参数。为了确保参数被正确绑定，请求参数的
名称必须与后端控制器方法中对应形参的名称完全一致，示例代码如下。

```
@Controller
@RequestMapping ("/uc3")
public class UserController3 {
    @GetMapping ("/test1")
    public ModelAndView test1 (String id, String name){
        //省略非核心代码
    }
}
```

在该示例中，UserController3 类定义了处理 GET 请求的方法 test1，该方法
接收两个字符串类型的形参 id 和 name。当客户端发起类似/uc3/test1?id= 1&name =
zxx 的请求时，Spring MVC 自动将 URL 中的查询参数 id 和 name 的值绑定到
test1 方法的同名形参上。

为了突破请求参数名必须与控制器方法形参名称完全一致的限制，可以使用
Spring MVC 提供的@RequestParam 注解。通过该注解的 value 属性，可以显式指
定请求参数或表单字段与控制器方法参数之间的映射关系，示例代码如下。

```
@GetMapping ("/test2")
```

```
public ModelAndView test2 ( @RequestParam ( "id" ) String uid,
@RequestParam ("name") String uname) {
    //省略非核心代码
}
```

在该示例中，通过@RequestParam 注解的 value 属性，将请求中的 id 参数值绑定到形参 uid，name 参数值绑定到形参 uname。如此一来，即使请求参数的名称与控制器方法的形参名称不一致，也能实现正确的参数绑定。

2. 绑定请求参数至简单 POJO

当前端发送请求并传递多个普通类型的请求参数时，Spring MVC 将这些参数绑定到 POJO 的属性。为了实现自动绑定，请求参数的名称必须与 POJO 中对应属性的名称完全一致，示例如下。

首先定义 Contact 类，该类有 id、phone 和 email 三个属性。接下来，定义控制器方法，该方法接收 Contact 类型的参数，代码如下。

```
@GetMapping ("/test5")
public ModelAndView test5 (Contact contact) {
    //省略非核心代码
}
```

当客户端发起类似于/test5?phone=18888888888&email=Spring@sohu.com&id=1 的请求时，Spring MVC 将调用 test5 方法，并自动将请求中的 phone、email 和 id 参数的值绑定到 Contact 对象的同名属性上。

3. 绑定请求参数至复杂 POJO

Spring MVC 不仅支持简单 POJO 的自动映射，还能处理包含引用类型的 POJO。

首先，定义 User 类，代码如下。

```
public class User {
    private int id;
    private String name;
    private String gender;
    private int age;
    private Contact contact;
    //省略构造函数、setter 和 getter
}
```

User 类不仅包含 id、name、gender 和 age 等简单类型的属性，还包含一个 Contact 类型的属性 contact。接下来，在控制器中定义处理请求的方法。该方法接收 User 类型的参数，代码如下。

```
@GetMapping ("/test7")
public ModelAndView test7 (User user) {
    //省略非核心代码
}
```

当客户端发起类似于/test7?id=1&name=lucy&gender=female&age=24&contact.
id=100&contact.phone=18888888888&contact.email=Spring@sohu.com 的请求时，
Spring MVC 将调用 test7 方法，并自动将请求参数中的 id、name、gender 和 age
的值绑定到 User 对象的同名属性上。同时，把带有 contact.前缀的参数值绑定到
Contact 对象的同名属性上。

4．绑定请求参数至数组

当前端发送多个同名请求参数时，Spring MVC 自动将这些参数值绑定到数
组中。为确保参数被正确绑定，控制器方法需要声明一个与请求参数名称和类型
匹配的数组，示例如下。

首先，在控制器中定义处理请求的方法，并使用@RequestParam 注解指定方
法形参与请求参数绑定，代码如下。

```
@GetMapping ("/test9")
public ModelAndView test9 (@RequestParam String[] hobbyArray) {
    //省略非核心代码
}
```

当用户发起类似于/test9?hobbyArray=football&hobbyArray=sing&hobbyArray =
shopping 的请求时，Spring MVC 将请求参数的值 football、sing 和 shopping 绑定
到 hobbyArray 数组中。

5．绑定请求参数至 List

类似地，当前端发送多个同名请求参数时，Spring MVC 也可将这些参数值
绑定至 List 中，这里不再赘述。

6．绑定请求参数至日期对象

Spring MVC 使用@DateTimeFormat 注解实现前端日期字符串与后端日期对
象之间的绑定，示例如下。

首先，在控制器中定义方法，代码如下。

```
@GetMapping ("/test17")
public ModelAndView test17 (Date date1,
        @DateTimeFormat (pattern="yyyy-MM-dd") Date date2,
        @DateTimeFormat ( pattern="yyyy-MM-dd  HH:mm:ss" ) Date
date3) {
    //省略非核心代码
}
```

在该方法中，定义了三个日期类型参数：date1、date2 和 date3。当用户发起
类 似 于 /test17?date1=2024/12/22　17:23:55&date2=2024-12-22&date3=2024-12-22
17:23:55 的请求时，Spring MVC 根据 date2 和 date3 指定的日期格式解析出日期
字符串，并绑定到日期对象上。date1 未使用@DateTimeFormat 注解，Spring
MVC 将采用默认的日期格式对其进行解析。

6.3.2　绑定请求体数据

在 Web 应用程序中， JSON 是客户端与服务器进行数据交互最为常用的格
式。当客户端通过 POST 请求发送 JSON 数据时，Spring MVC 利用消息转换器
解析 JSON 数据，并将其转换为 Java 对象。开发者只需在控制器方法的形参前
添加@RequestBody 注解即可接收并绑定请求体中的 JSON 数据。

1. 绑定请求体数据至简单 POJO

首先，定义处理请求的控制器方法，代码如下。

```
@PostMapping ("/test13")
public ModelAndView test13 (@RequestBody Contact contact) {
    //省略非核心代码
}
```

该处理流程与之前介绍的接收请求参数并绑定至简单 POJO 的流程非常类
似。不同之处在于，此处使用@RequestBody 注解将请求体中的数据转换为
Contact 类型的对象。

2. 绑定请求体数据至复杂 POJO

类似地，还可以将请求体中的 JSON 数据绑定到复杂 POJO，代码如下。

```
@PostMapping ("/test14")
public ModelAndView test14 (@RequestBody User user) {
    //省略非核心代码
}
```

这与之前介绍的接收请求参数并绑定至复杂 POJO 的操作非常类似，这里不
再赘述。

3. 绑定请求体数据至 List

首先，定义处理请求的控制器方法，代码如下。

```
@PostMapping ("/test15")
public ModelAndView test15 (@RequestBody List<String> fruitList)
{
    //省略非核心代码
}
```

类似地，还可将请求体数据绑定到 List<Object>类型的形参，代码如下。

```
@PostMapping ("/test16")
public ModelAndView test16 (@RequestBody List<User> userList) {
    //省略非核心代码
}
```

这与之前介绍的接收请求参数并绑定至 List 的操作非常类似，这里不再赘述。

6.3.3　绑定请求头数据

Spring MVC 利用@RequestHeader 注解获取请求头数据，并将其绑定到控制器方法的形参上，代码如下。

```
@GetMapping ("/test21")
public ModelAndView test21 ( @RequestHeader ( "Accept-Encoding" )
String acceptEncoding,
                        @RequestHeader ("Host") String host) {
    //省略非核心代码
}
```

该方法定义了两个字符串类型的参数 acceptEncoding 和 host。通过@RequestHeader 注解，Spring MVC 提取 HTTP 请求头中名为 Accept-Encoding 的字段值，并将其赋值给 acceptEncoding 参数。同样地，提取请求头中名为 Host 的字段值，并将其赋值给 host 参数。

6.3.4　绑定 Cookie 数据

Spring MVC 使用@CookieValue 注解获取特定 Cookie 值，并将其与控制器方法的形参绑定，代码如下。

```
@GetMapping ("/test19")
public ModelAndView test19 ( @CookieValue ( "JSESSIONID" ) String
value) {
    //省略非核心代码
}
```

在该方法中使用@CookieValue 注解，从请求携带的所有 Cookie 中查找名为 JSESSIONID 的 Cookie，并将其值赋给方法的 value 参数。

6.4　编码过滤器

在 Web 应用中，前端页面向后端发送数据时可能出现中文乱码。为解决这个问题，可使用编码过滤器 CharacterEncodingFilter 设置 HTTP 请求和响应的字符编码，代码如下。

```
public    class    DispatcherServletInitializer    extends    Abstract-
AnnotationConfigDispatcherServletInitializer {
    //省略非核心代码
    @Override
    protected Filter[] getServletFilters () {
        CharacterEncodingFilter filter = new CharacterEncodingFilter ();
        //设置编码方式为 UTF-8
        filter.setEncoding ("UTF-8");
        filter.setForceEncoding (true);
        //返回过滤器数组
        return new Filter[] { filter };
    }
}
```

在 Web 配置类中，重写 AbstractAnnotationConfigDispatcherServletInitializer 的 getServletFilters 方法配置编码过滤器。该方法中利用 CharacterEncodingFilter 强制所有请求和响应均使用 UTF-8 编码，避免产生中文乱码。

关于过滤器的更多配置和使用细节，将在后续章节中介绍。

6.5　自定义类型转换器

在请求映射过程中，需要对非标准格式数据进行类型转换。例如，Person 类包含 id、name、age 和 gender 等属性，但前端传递的请求参数是 id-name-age-gender 格式的字符串。在这种情况下，Spring MVC 默认的转换机制无法完成转换，因此需要通过自定义类型转换器进行处理。Spring MVC 提供了 org.springframework.core.convert.converter.Converter<S, T>接口用于定义转换器，其中 S 表示源类型，T 表示目标类型。

首先，定义转换器 PersonConverter 实现 Converter 接口，代码如下。

```
public class PersonConverter implements Converter<String, Person> {
    @Override
    public Person convert (String source) {
        String[] stringArray = source.split ("-");
        int id = Integer.parseInt (stringArray[0]);
        String name = stringArray[1];
        int age = Integer.parseInt (stringArray[2]);
```

```
        String gender = stringArray[3];
        Person person = new Person (id, name, age, gender);
        return person;
    }
}
```

重写 Converter 接口的 convert 方法，通过拆分 id-name-age-gender 格式的字符串组装 Person 类型对象。接下来，在 Spring MVC 配置类中通过 WebMvc Configurer 接口的 addFormatters 方法注册自定义转换器，代码如下。

```
@Configuration
@ComponentScan ("com.cn.controller")
@EnableWebMvc
public class SpringMVCConfig implements WebMvcConfigurer {
    // 省略非核心代码
    // 注册自定义的类型转换器
    @Override
    public void addFormatters (FormatterRegistry registry){
        PersonConverter personConverter = new PersonConverter ();
        registry.addConverter (personConverter);
    }
}
```

在 addFormatters 方法中将自定义类型转换器 PersonConverter 注册到 FormatterRegistry。完成注册之后，即可在控制器方法中使用转换器，代码如下。

```
@Controller
@RequestMapping ("/uc4")
public class UserController4 {
    // 测试自定义类型转换器，将字符串转换为 Person 对象
    @GetMapping ("/test1")
    public ModelAndView test1 ( @RequestParam ( "person" ) Person
person){
        //省略非核心代码
    }
}
```

当前端发送包含形如 person=1-John-30-male 的请求时，Spring MVC 调用 PersonConverter 将该字符串转换为 Person 对象，并将其绑定到控制器方法的形参。

6.6　本章总结

本章深入介绍了 Spring MVC 请求映射的核心注解@RequestMapping，并重点讲解了如何使用该注解接收并绑定各类数据。此外，还详细介绍了处理 JSON 格式数据的具体方法，帮助开发者掌握前后端交互的数据处理方式。为更全面地获取请求信息，本章介绍了如何使用@RequestHeader 和@CookieValue 注解获取请求头和 Cookie 数据。最后，本章通过案例展示了自定义类型转换器的实现过程，为处理非标准数据格式提供了解决方案。

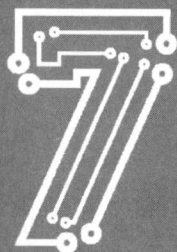

第 7 章

CHAPTER 7

Spring MVC 请求响应

为满足客户端的多样化需求，Spring MVC 框架支持多种响应
方式。控制器处理请求后，响应结果被封装为视图、字符串、
JSON 等多种形式，最终通过前端控制器返回给客户端。本章将
重点介绍 Spring MVC 支持的数据响应方式及其共享机制。

7.1　响应视图

在 Spring MVC 框架中，控制器方法可以通过返回页面名称字符串实现页面跳转，示例代码如下。

```
@Controller
@RequestMapping ("/uc1")
public class UserController1 {
    @GetMapping ("/test1")
    public String test1 () {
        String pageName = "test";
        return pageName;
    }

}
```

在 test1 方法中，返回的字符串 test 表示视图名称。视图解析器将配置文件中定义的前缀和后缀与该视图名称结合，生成完整的视图路径。除了上述方式，还可以使用 ModelAndView 携带数据并实现页面跳转，示例代码如下。

```
@GetMapping ("/test2")
public ModelAndView test2 () {
    ModelAndView modelAndView = new ModelAndView ();
    modelAndView.addObject ("data", "This is data");
    modelAndView.setViewName ("test");
    return modelAndView;
}
```

在 test2 方法中，创建 ModelAndView 对象并调用 addObject 方法添加数据，同时使用 setViewName 方法设置视图名称，最后返回该 ModelAndView 对象。此外，ModelAndView 还支持不添加任何模型数据或仅设置视图名称，从而实现简单的页面跳转功能。

7.2　响应数据

除了返回视图，Spring MVC 还能向客户端响应多种类型的数据。常见的响应数据类型包括字符串和 JSON 格式数据。

7.2.1 响应字符串

在使用原生 Servlet API 进行编程时，可以直接向客户端返回字符串作为响应，示例代码如下。

```
@GetMapping("/test3")
public void test3(HttpServletResponse response){
String content = "Spring SpringMVC";
    // 省略非核心代码
    response.getWriter().write(content);
}
```

在该示例中，虽然通过 HttpServletResponse 直接输出了响应内容，但这种做法会导致控制器方法与底层 Servlet API 紧耦合，这显然违背了 Spring 框架的设计初衷。因此，建议使用 Spring MVC 组件实现字符串响应。

7.2.2 响应 JSON 数据

在 Spring MVC 框架中，当控制器方法被@ResponseBody 注解标记时，Spring MVC 会将方法的返回值序列化为指定格式（如 JSON、XML 或字符串），并将序列化后的数据写入 HTTP 响应体中发送给客户端。此方式省略了复杂的视图解析过程，适用于直接向客户端返回数据的场景，示例代码如下。

```
@GetMapping("/test3")
@ResponseBody
public String test3(){
    String content = "Spring SpringMVC";
    return content;
}
```

在该示例中，test3 方法返回的字符串不会被视为视图名称进行解析，而是被序列化为响应体的内容。此外，@ResponseBody 注解还可以将复杂对象序列化为 JSON 格式并响应给客户端，示例代码如下。

```
@GetMapping("/test4")
@ResponseBody
public User test4(){
    Contact contact = new Contact();
    contact.setId(1);
    contact.setPhone("18888888888");
    contact.setEmail("Spring@sohu.com");
    User user = new User();
```

```
    user.setId (1) ;
    user.setName ("lucy") ;
    user.setGender ("female") ;
    user.setAge (24) ;
    user.setContact (contact) ;
    return user;
}
```

在该示例中，Spring MVC 将返回的 User 对象转换为 JSON 格式，并将其作为响应体发送至客户端。客户端收到的响应内容及其格式如下。

```
{
    "id": 1,
    "name": "lucy",
    "gender": "female",
    "age": 24,
    "contact": {
        "id": 1,
        "phone": "18888888888",
        "email": "Spring@sohu.com"
    }
}
```

请各位读者结合以上案例思考，能否将多个 User 对象放入 List 中并以 JSON 格式返回至客户端？

当控制器中的多个方法都需要返回 JSON 格式数据时，逐一为每个方法添加 @ResponseBody 注解就显得重复且烦琐了。为简化这一过程，Spring MVC 引入了组合注解@RestController。作为@Controller 和@ResponseBody 注解的结合，@RestController 注解不仅将一个类标识为控制器，还将该类中所有方法的返回值序列化为指定格式，示例代码如下。

```
@RestController
@RequestMapping ("/mrc")
public class MyRestController {
    @GetMapping ("/test1")
    public Contact test1 () {
        //省略非核心代码
        return contact;
    }

    @GetMapping ("/test2")
    public User test2 () {
```

```
        //省略非核心代码
        return user;
    }

}
```

在该示例中，由于 MyRestController 类被@RestController 注解标记，因此无须在 test1 和 test2 方法上额外添加@ResponseBody 注解。类中的所有方法返回值都会被序列化为 JSON 格式，并通过 HTTP 响应体返回给客户端。

7.3　统一返回结果

在 Spring MVC 中，不同控制器可能返回各不相同的数据格式，这增加了客户端处理响应数据的复杂性。为解决这个问题，可以通过统一响应格式，确保所有请求返回一致的数据结构。为此，项目中通常定义 Result 类，用于封装响应的状态、数据和消息。Result 类通常包含 status、data 和 message 三个字段。status 表示响应状态码，data 表示服务端返回的数据，message 表示附加消息或说明。Result 类的常见实现如下。

```
public class Result {
    // 响应状态码
    private int status;
    // 响应数据
    private Object data;
    // 响应消息
    private String message;
    //省略构造函数、setter 和 getter
}
```

控制器处理用户请求时，使用标准化的响应结构封装响应数据，示例代码如下。

```
@RestController
@RequestMapping("/uc2")
public class UserController2 {
    @GetMapping("/t1")
    public Result test1(){
        Contact contact = new Contact();
        contact.setId(1);
        contact.setPhone("18888888888");
        contact.setEmail("Spring@sohu.com");
```

```
    // 创建 Result 对象
    Result result = new Result ();
    // 设置响应状态码
    result.setStatus (200);
    // 设置响应消息
    result.setMessage ("The response is ok");
    // 设置响应数据
    result.setData (contact);
    // 返回封装结果
    return result;
      }
}
```

当收到前端请求时，UserController2 中的 test1 方法被调用，并返回封装了状态码、数据和消息的 Result 对象。客户端收到的响应内容及格式如下。

```
{
    "status": 200,
    "data": {
        "id": 1,
        "phone": "18888888888",
        "email": "Spring@sohu.com"
    },
    "message": "The response is ok"
}
```

通过采用统一的响应结构，前端可以在解析和处理数据时仅关注固定的字段，而无须为每个请求单独适配不同的数据格式。

7.4 重定向与请求转发

在 Spring MVC 中，可以通过返回带有特定前缀的字符串来实现请求转发和重定向。

使用 forward:前缀实现请求转发，示例如下。

```
@GetMapping ("/tf3")
public String testForward3 () {
    // 其他控制器
    String anotherController = "/tc/t4";
    // 将请求转发到其他控制器
    String path = "forward:"+anotherController;
    return path;
}
```

在该示例中，testForward3 方法通过返回字符串 forward:/tc/t4，将请求转发到路径为/tc/t4 的控制器。

使用 redirect:前缀实现重定向，示例如下。

```
@GetMapping ("/tr3")
public String testRedirect3 () {
    // 其他控制器
    String anotherController = "/tc/t1";
    // 重定向到其他控制器
    String path = "redirect:"+anotherController;
    return path;
}
```

在该示例中，testRedirect3 方法通过返回字符串 redirect:/tc/t1，指示客户端重新发送请求到路径为/tc/t1 的控制器。

请各位读者结合以上案例思考，能否利用 ModelAndView 实现重定向与请求转发？

7.5　数据共享

在 Web 开发中，Request、Session 和 Application 是三个不同范围的作用域。Spring MVC 框架使用注解提供了对这些作用域的访问。

7.5.1　Request 域数据共享

实现 Request 域共享数据的方法有多种，包括原生 Servlet API、Model 接口、Map 接口、ModelMap 类和 ModelAndView 类，示例代码如下。

```
@Controller
@RequestMapping ("/c1")
public class TestRequestScopeController {

    @GetMapping ("/test1")
    public String testRequestScope1 (HttpServletRequest httpServlet-
Request) {
        httpServletRequest.setAttribute ("data", "利用原生 API 向
Request 域存储数据");
        String pageName = "TestRequestScope";
        return pageName;
    }
```

```
@GetMapping ("/test2")
public String testRequestScope2 (Model model){
    model.addAttribute ("data", "利用 Model 向 Request 域存储数据");
    String pageName = "TestRequestScope";
    return pageName;
}


@GetMapping ("/test3")
public String testRequestScope3 (Map map){
    map.put ("data", "利用 Map 向 Request 域存储数据");
    String pageName = "TestRequestScope";
    return pageName;
}


@GetMapping ("/test4")
public String testRequestScope4 (ModelMap modelMap){
    modelMap.addAttribute ("data", "利用 ModelMap 向 Request 域存
储数据");
    String pageName = "TestRequestScope";
    return pageName;
}


@GetMapping ("/test5")
public ModelAndView testRequestScope5 ( ModelAndView model-
AndView){
    modelAndView.addObject ("data", "利用 ModelAndView 向 Request
域存储数据");
    String pageName = "TestRequestScope";
    modelAndView.setViewName (pageName);
    return modelAndView;
}

}
```

在该示例中，分别使用了 HttpServletRequest 的 setAttribute 方法、Model 的 addAttribute 方法、Map 的 put 方法、ModelMap 的 addAttribute 方法及 ModelAndView 的 addObject 方法向 Request 域中存储数据。

7.5.2　Session 域数据共享

类似地，也可以通过原生 Servlet API 和 Spring MVC 提供的 Model 等接口实

现 Session 域数据共享，示例代码如下。

```java
@Controller
@RequestMapping ("/c2")
@SessionAttributes (value = {"data2"})
public class TestSessionScopeController {

    @GetMapping ("/test1")
    public String testSessionScope1 (HttpSession session){
        session.setAttribute ("data1", "利用原生 API 向 Session 域存储
数据");
        String pageName = "TestSessionScope";
        return pageName;
    }

    @GetMapping ("/test2")
    public String testSessionScope2 (Model model){
        model.addAttribute ("data2", "利用 Model 向 Session 域存储数据");
        String pageName = "TestSessionScope";
        return pageName;
    }
}
```

在该示例中，展示了两种将数据存储到 Session 域的方法。在第一种方法中，使用 HttpSession 的 setAttribute 方法将数据存储到 Session 域中。在第二种方法中，在控制器类上添加@SessionAttributes 注解，并指定属性名称。当通过 Model 接口设置属性值时，Spring MVC 自动将其同步到 Session 域。

7.5.3　Application 域数据共享

在项目开发过程中，通常使用原生 Servlet API 实现 Application 域的数据共享，示例代码如下。

```java
@Controller
@RequestMapping ("/c3")
public class TestApplicationScopeController {
    @GetMapping ("/test1")
    public String testApplicationScope1 (HttpServletRequest http-
ServletRequest) {
        ServletContext servletContext = httpServletRequest. get-
ServletContext ();
```

```
        servletContext.setAttribute ("data", "利用原生 API 向 Application
域存储数据");
        String pageName = "TestApplicationScope";
        return pageName;
    }
}
```

在该示例中，通过 HttpServletRequest 对象获取 ServletContext，并调用其
setAttribute 方法向 Application 域中存储数据。

7.6 本章总结

本章全面介绍了 Spring MVC 框架的数据响应方式及统一返回结果。此外，
本章展示了通过特定前缀字符串实现请求转发和重定向的方法，并讲解了如何使
用 ModelAndView 进行数据响应和页面跳转。在数据共享方面，详细讲解了如何
使用原生 Servlet API 及 Spring MVC 框架技术，实现不同作用域的数据存储与
共享。

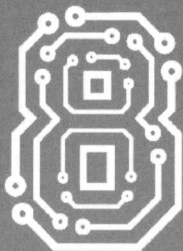

第 8 章
CHAPTER 8

Spring MVC RESTful 编程

近年来，RESTful 凭借简洁的设计、出色的易用性和强大的扩展能力，在 Web 服务领域获得了众多软件公司、开发者社区和开源项目的认可。无论是构建复杂的分布式系统，还是开发单页应用，RESTful 都成为后端服务接口设计的首选方案。Spring MVC 提供了丰富的工具和配置选项，帮助开发者构建 REST 风格的应用程序。

8.1　REST 概述

表现层状态转移（Representational State Transfer，REST）是一种软件架构风格，由 Roy Fielding 博士在其 2000 年的论文 "Architectural Styles and the Design of Network-based Software Architectures" 中提出，REST 的主要特征如下。

（1）无状态性。服务器不保留客户端状态信息。每次请求都必须包含处理该请求所需的全部信息，而不能依赖之前的请求或会话状态。这种设计使服务器能够处理来自任意客户端的请求。

（2）统一接口。系统之间的交互必须遵循统一、标准化的方式。通过统一的接口，在提升规范性的同时降低系统的复杂性。

（3）分层设计。在客户端和服务器之间插入中间层，提供负载均衡等附加功能。分层设计隐藏了系统复杂性，使客户端只需关注与其交互的接口，而无须了解系统的内部结构。

（4）缓存支撑。服务器通过 HTTP 头信息通知客户端缓存资源，而无须每次都从服务器获取。缓存不但减轻了服务器负载还降低了网络延迟，提升了用户体验。

在软件开发中，RESTful 指的是按照 REST 架构风格构建的 Web 服务。RESTful Web 服务提供一致且简洁的接口，方便不同系统或组件间进行数据交换。Spring MVC 框架全面支持 RESTful 编程，通常被应用于构建开放 API、服务间通信，以及前后端分离等场景。

8.2　遵循路径设计原则

在规划 RESTful 接口的请求路径时，应遵循以下最佳实践和设计原则。

（1）使用名词表示资源。路径应直接反映资源本身，避免使用动词或具体操作描述。

（2）通过请求方法区分操作。HTTP 请求方法 POST、GET、DELETE 和 PUT，分别对应资源的新增、查询、删除和修改操作。

（3）采用复数形式表示资源集合。当路径指向一组资源时，应使用复数形式命名。例如，/users 表示用户资源的集合。

（4）利用路径变量定位资源。在需要访问某个具体资源实例时，应使用路径变量指定资源的唯一标识符。例如，/users/{id}中的{id}用于标识特定用户。

（5）保持路径的简洁性。请求路径应简洁明了，避免冗余和复杂的层次结构。

（6）查询参数与路径分离。路径应仅包含资源标识符和层次结构信息，而查询参数应通过?分隔符被附加在 URL 末尾。

遵循上述设计原则，RESTful 接口能够清晰地表达对资源的操作。

8.3 请求路径变量

在 RESTful 接口设计中，在请求路径中使用花括号定义路径变量。例如，在路径/orders/{id}中，{id}就是一个路径变量。Spring MVC 框架使用@PathVariable 注解从请求路径中提取路径变量，并将其绑定到控制器方法的形参上，示例代码如下。

```
@RestController
@RequestMapping ("/users")
public class UserController {
    @GetMapping ("/{id}")
    public Result test1 (@PathVariable ("id") String userID) {
        //省略非核心代码
    }
}
```

在示例中，首先定义一个名为 UserController 的控制器，并通过@Request-Mapping 注解为其指定类级别的请求路径/users。接着，定义处理 GET 请求的方法 test1，并使用@GetMapping（"/{id}"）注解指定方法级别请求路径，其中{id}表示用户 ID。在 test1 方法中，使用@PathVariable（"id"）注解标记形参 userID。当 test1 方法接收到类似于/users/123 的请求时，Spring MVC 将路径变量 123 绑定到 userID 上。

8.4 HiddenHttpMethodFilter

HTML 表单在原生状态下仅支持 GET 和 POST 两种 HTTP 方法，这在一定程度上限制了 RESTful Web 服务的实现。为了打破该限制，Spring MVC 框架提供了 HiddenHttpMethodFilter 过滤器用于在表单中通过特殊方式实现 PUT 和 DELETE 请求。

首先，在 Web 配置类中配置 HiddenHttpMethodFilter，代码如下。

```
public class DispatcherServletInitializer extends Abstract-
AnnotationConfigDispatcherServletInitializer {
    //省略非核心代码
    @Override
    protected Filter[] getServletFilters () {
        // 创建 HiddenHttpMethodFilter
        HiddenHttpMethodFilter httpFilter= new HiddenHttpMethodFilter
();
        // 返回过滤器数组
        return new Filter[] { httpFilter };
    }
}
```

在 Web 配置类中，重写 AbstractAnnotationConfigDispatcherServletInitializer 类的 getServletFilters 方法配置 HiddenHttpMethodFilter 过滤器。

接下来，在 HTML 页面中创建表单，并使用隐藏字段指定实际的 HTTP 方法，代码如下。

```
<form action=" " method="post">
    <input type="hidden" name="_method" value="put" />
    编 号:<input type="text" name="id"/>
    <br /><br />
    用 户:<input type="text" name="name"/>
    <br /><br />
    密 码:<input type="password" name="pwd" />
    <br /><br />
    <input type="submit" value="测试" />
</form>
```

在该表单中，通过<input type="hidden" name="_method" value="put" />定义隐藏字段 _method，并将其值设置为 put。当以 POST 方式提交表单时，HiddenHttpMethodFilter 会拦截该请求，并将请求方式更改为_method 参数的值。随后，Spring MVC 控制器接收 PUT 请求，并执行相应的处理逻辑。

8.5 RESTful 编程开发案例

在熟悉了 RESTful 编程的基本理念后，着手开发一个简易的用户管理系统。

该系统前端部分采用原生 HTML 构建页面，后端部分采用 Spring MVC 框架实现业务逻辑。

8.5.1 系统接口设计

用户管理系统提供了对用户的查询、新增、修改和删除功能，各功能对应的 REST 风格 API 如表 8-1 所示。

表 8-1 系统功能 API

请 求 路 径	请 求 方 式	功　　能
http:// ***localhost/users/	GET	查询全部用户
http:// ***localhost/users/1	GET	查询指定用户
http:// ***localhost/users/	POST	新增用户
http:// ***localhost/users/	PUT	修改用户
http:// ***localhost/users/1	DELETE	删除指定用户

在该系统中，查询全部用户、新增用户和修改用户共用请求路径，Spring MVC 通过请求方式区分操作并执行对应的逻辑。类似地，查询和删除指定用户也使用相同的路径，具体操作类型由请求方式决定。

8.5.2 前端页面开发

前端页面使用两个超链接，分别用于根据用户 ID 查询特定用户和查询所有用户。页面包含三个表单，分别用于新增用户、修改用户信息和删除指定用户，代码如下。

```html
<html>
    <head>
        <title>用户信息管理系统</title>
    </head>
    <body>
        <h2>依据 id 查询用户</h2>
        <a href="/users/1">查 询</a>
        <hr>
        <h2>查询所有用户</h2>
        <a href="/users">查 询</a>
        <hr>
```

```html
<h2>新增用户</h2>
<form action="/users" method="post">
    编 号: <input type="text" name="id" />
    <br /><br />
    用 户: <input type="text" name="name" />
    <br /><br />
    密 码: <input type="password" name="pwd" />
    <br /><br />
    <input type="submit" value="提 交" />
</form>
<hr>

<h2>修改用户</h2>
<form action="/users" method="post">
    <input type="hidden" name="_method" value="put" />
    编 号: <input type="text" name="id" />
    <br /><br />
    用 户: <input type="text" name="name" />
    <br /><br />
    密 码: <input type="password" name="pwd" />
    <br /><br />
    <input type="submit" value="提 交" />
</form>
<hr>

<h2>删除用户</h2>
<form action="/users/1" method="post">
    <input type="hidden" name="_method" value="delete" />
    编 号: <input type="text" name="id" />
    <br /><br />
    <input type="submit" value="提 交" />
</form>

</body>
</html>
```

在修改用户和删除用户的表单中,使用隐藏字段指定提交方式为 PUT 和 DELETE。与此同时,在配置文件中添加 HiddenHttpMethodFilter 过滤器。

8.5.3　后端控制器开发

接下来,开发后端控制器 UserController 处理前端请求。在 UserController 类上使用@RestController 注解表明该类中的所有方法以 JSON 格式返回响应结果。
同时，使用@RequestMapping 注解指定类级别的请求路径/users，代码如下。

```java
@RestController
@RequestMapping ("/users")
public class UserController {
    //依据 id 查询用户
    @GetMapping ("/{id}")
    public Result getUserById ( @PathVariable ( "id" ) String
userID) {
        //省略非核心代码
    }

    //查询所有用户
    @GetMapping
    public Result getAllUser () {
        //省略非核心代码
    }

    //新增用户
    @PostMapping
    public Result addUser (@RequestParam ("id") String id,
                    @RequestParam ("name") String username,
                    @RequestParam ("pwd") String password) {
        //省略非核心代码
    }

    //修改用户
    @PutMapping
    public Result updateUser (@RequestParam ("id") String id,
                    @RequestParam ("name") String username,
                    @RequestParam ("pwd") String password) {
        //省略非核心代码
    }

    //删除用户
    @DeleteMapping ("/{id}")
    public Result deleteUser (@PathVariable ("id") String id) {
        //省略非核心代码
    }
}
```

在该类中，getUserById 方法匹配 GET 请求并依据路径变量 id 查询指定用户。getAllUsers 方法响应 GET 请求查询所有用户；addUser 方法响应 POST 请求添加新用户，参数包括 id、username 和 password；updateUser 方法响应 PUT 请求更新用户信息，参数与 addUser 方法相同；deleteUser 方法匹配 DELETE 请求并依据路径变量 id 删除指定用户。

8.6　本章总结

本章主要介绍了 RESTful 编程在后端开发中的应用。首先，探讨了 REST 架构风格的核心理念，并详细阐述了请求路径的设计原则与最佳实践。然后，对 RESTful 路径变量的使用及 HiddenHttpMethodFilter 的配置进行了详细说明。最后，通过一个完整的 REST 编程综合案例，展示了从接口设计、前端页面开发到后端控制器实现的完整流程，帮助读者熟练掌握 RESTful 编程的技巧。

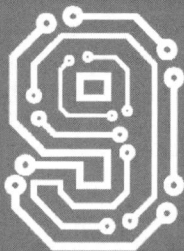

第 9 章

CHAPTER 9

Spring MVC 开发进阶

在 Spring MVC 的开发实践中，开发者不仅需要掌握控制器、模型、视图、请求映射和响应等基础技术，还应深入了解并熟练应用文件上传与下载、统一异常处理、数据校验、拦截器、过滤器和监听器等高阶技术。通过深入学习这些技术，开发者能够更高效地运用 Spring MVC 框架，构建功能更为完善的 Web 应用程序。

9.1　文件上传

在 Spring MVC 框架中，可以借助 commons-io 包快速实现文件上传功能。主要步骤包括配置文件解析器、配置文件上传参数、构建文件上传页面及处理上传文件。以下详细介绍文件上传的具体实现过程。

9.1.1　配置文件解析器

StandardServletMultipartResolver 解析器基于 Servlet 3.0 规范，专门用于处理包含文件的表单数据。在 Spring MVC 配置类中，实例化 StandardServletMultipartResolver 类型的 Bean，并将其注册到 Spring 容器中，配置代码如下。

```
public class SpringMVCConfig implements WebMvcConfigurer {
    //省略非核心代码
    @Bean
    public StandardServletMultipartResolver standardServletMultipart-
Resolver(){
        StandardServletMultipartResolver standardServletMultipart-
Resolver
            = new StandardServletMultipartResolver();
        return standardServletMultipartResolver;
    }

}
```

通过上述配置，当 Spring MVC 接收到文件上传的请求时，StandardServletMultipartResolver 解析上传的文件数据，并将这些数据映射到控制器方法进行后续处理。

9.1.2　配置文件上传参数

在 Web 配置类中配置文件上传参数，例如临时文件存储路径、最大文件大小、最大请求大小和文件大小阈值等，代码如下。

```
public class DispatcherServletInitializer extends Abstract-
AnnotationConfigDispatcherServletInitializer {
    //省略非核心代码
    @Override
    protected void customizeRegistration ( ServletRegistration.
```

```
Dynamic registration) {
        super.customizeRegistration (registration);
        // 临时存储路径
        String tempFilePath = "D:\\Temp\\";
        File tempFile = new File (tempFilePath);
        if (!tempFile.exists ()) {
            tempFile.mkdir ();
        }
        long maxFileSize = 1024 * 1024 * 10;
        long maxRequestSize = 1024 * 1024 * 20;
        int fileSizeThreshold = 1024 * 1024 * 2;
        MultipartConfigElement multipartConfigElement
        = new MultipartConfigElement ( tempFilePath, maxFileSize,
maxRequestSize, fileSizeThreshold);
        registration.setMultipartConfig (multipartConfigElement);
    }

    }
```

在上述配置中，使用 MultipartConfigElement 对象配置文件上传参数。最后，调用 registration.setMultipartConfig 方法将与文件上传相关的配置应用于 DispatcherServlet 注册流程中。

9.1.3　构建文件上传页面

使用 HTML 构建上传页面，代码如下。

```
<!--省略非核心代码-->
<form action="……" method="post" enctype="multipart/form-data">
    文件: <input type="file" name="myFile"/><br/><br/>
    描述: <input type="text" name="fileDesc"/><br/><br/>
    <input type="submit" value="上传"/>
</form>
```

在文件上传表单中，表单的提交方式必须为 POST，且 enctype 属性的值必须设置为 multipart/form-data。

9.1.4　处理上传文件

编写控制器处理上传文件，代码如下。

```
@RestController
@RequestMapping ("/uc")
```

```java
public class UploadController {
    //省略非核心代码
    @PostMapping (value = "/uploadSingleFile")
    public Result uploadSingleFile (
            @RequestPart ("myFile") MultipartFile multipartFile,
            @RequestParam ( "fileDesc" ) String fileDesc ) throws
Exception {
        if (multipartFile != null) {
            // 获取文件原始名称（即文件名.后缀名 ）
            String originalFileName = multipartFile.getOriginal-
Filename ();
            // 利用 UUID 避免文件名重复
            int index = originalFileName.lastIndexOf (".");
            originalFileName= UUID.randomUUID ( ) + originalFileName.
substring (index);
            // 保存上传图片的文件夹
            String dirPath = "D:\\imagesUpload\\";
            // 如果文件夹不存在则创建
            File dirFile = new File (dirPath);
            if (!dirFile.exists ()) {
                dirFile.mkdirs ();
            }
            // 新建图片文件
            File file = new File ( dirPath + File.separator +
originalFileName);
            // 保存上传的图片
            multipartFile.transferTo (file);
            // 返回上传成功的响应结果
            Result result = new Result ();
            result.setStatus (200);
            result.setMessage ("图片上传成功");
            return result;
        }else {
            // 返回上传失败的响应结果
            Result result = new Result ();
            result.setStatus (400);
            result.setMessage ("图片上传失败");
            return result;
        }
    }
}
```

在控制器方法中，利用@RequestPart 注解将请求中的文件绑定到形参。为避免文件名重复，在方法内部利用 UUID 重新构建文件名。最后，调用 MultipartFile 类的 transferTo 方法将上传的文件保存至指定路径。

此案例实现了单个文件的上传。请各位读者思考，如何实现同时上传多个文件？

9.2 文件下载

与文件上传相比，文件下载的实现要简单得多。只需在控制器中返回包含文件内容的 ResponseEntity 对象，将文件以字节数组的形式发送给客户端即可，代码如下。

```
@Controller
@RequestMapping ("/dc")
public class DownloadController {
    @RequestMapping ("/download")
    public  ResponseEntity<byte[]>  downloadFile ( HttpServletRequest request,
        @RequestParam ( "fileName" ) String fileName ) throws Exception {
        // 获取上下文对象
        ServletContext context = request.getServletContext ();
        // 待下载文件所在目录
        String dirPath = context.getRealPath ("/imgs/");
        // 创建待下载文件对象
        File file = new File (dirPath + File.separator + fileName);
        // 防止乱码重新生成下载后的文件名
        byte[] fileNameBytes = fileName.getBytes ("UTF-8");
        String downloadName = new String (fileNameBytes,"ISO-8859-1");
        // 设置响应头
        HttpHeaders headers = new HttpHeaders ();
        // 通知浏览器以下载的方式打开文件
        headers.setContentDispositionFormData ("attachment", downloadName);
        // 通知浏览器以流的形式下载文件
```

```
        headers.setContentType(MediaType.APPLICATION_OCTET_STREAM);
        // 将文件对象转换为字节数组
        byte[] byteArray = FileUtils.readFileToByteArray(file);
        // 状态码
        HttpStatus httpStatus = HttpStatus.OK;
        // 创建响应实体
        ResponseEntity<byte[]> responseEntity
        = new ResponseEntity<>(byteArray, headers, httpStatus);
        // 返回响应实体
        return responseEntity;
    }

}
```

在控制器方法 downloadFile 中，使用 Content-Disposition 头字段指示浏览器将返回内容作为附件处理。同时，将 Content-Type 的值设置为 application/octet-stream，确保浏览器将返回的数据视为二进制流并触发文件下载操作。

9.3　统一异常处理

在以往的开发实践中，通常采用分散式的方式处理异常，即在 Controller 层、Dao 层和 Service 层分别捕获并处理各自层级的异常。这种异常处理方式虽然简单直观，但存在显著弊端。首先，容易产生大量冗余代码。每当出现新的异常类型时，就需要在多个层级中重复添加处理逻辑。其次，异常信息展示缺乏一致性，不同的异常以不同格式返回给用户。最后，Dao 层和 Service 层的异常可能直接暴露给用户。

为了解决这些问题，Spring MVC 引入了统一的异常处理机制。该机制将异常处理逻辑与业务代码分离，并对异常进行集中管理与统一处理。通过这种方式，可以避免后端重复编写异常处理代码，并确保前端收到格式统一的错误信息。

下面，分别详细介绍 Spring MVC 中几种常见的异常处理方式。

9.3.1　HandlerExceptionResolver

HandlerExceptionResolver 是 Spring MVC 处理异常的核心接口。在处理请求的过程中，DispatcherServlet 将抛出的异常交由 HandlerExceptionResolver 处理。

根据异常类型和上下文信息，HandlerExceptionResolver 选择不同的处理策略。最终，HandlerExceptionResolver 将处理结果转化为响应，常见形式包括错误页面、JSON 对象或其他类型的结果。

9.3.2　SimpleMappingExceptionResolver

Spring MVC 提供了简单异常映射解析器 SimpleMappingExceptionResolver。它实现了 HandlerExceptionResolver 接口，将异常映射到视图，示例代码如下。

```
@Configuration
@ComponentScan ("……")
@EnableWebMvc
public class SpringMVCConfig implements WebMvcConfigurer {

    //省略非核心代码
    @Bean
    public SimpleMappingExceptionResolver simpleMappingException-
Resolver () {
        SimpleMappingExceptionResolver simpleMappingExceptionResolver
            = new SimpleMappingExceptionResolver ();
        Properties properties = new Properties ();
        // 将空指针异常映射至 nullPointerExceptionPage 页面
        properties.setProperty ( "java.lang.NullPointerException",
"nullPointerExceptionPage");
        simpleMappingExceptionResolver.setExceptionMappings ( pro-
perties);
        return simpleMappingExceptionResolver;
    }
}
```

在 Spring MVC 配置类中，创建 SimpleMappingExceptionResolver 实例，并使用 setExceptionMappings 方法配置 Properties 对象。该对象定义了异常类型与视图名称的映射关系。当发生空指针异常时，SimpleMappingExceptionResolver 捕获该异常，并重定向到名为 nullPointerExceptionPage 的页面显示异常信息。类似地，可以在 Properties 对象中添加其他异常类型与视图名称的映射。

9.3.3　自定义异常处理

除了使用 SimpleMappingExceptionResolver，还可以使用 HandlerException

Resolver 接口自定义异常处理逻辑，示例代码如下。

```
@Component
public class MyHandlerExceptionResolver implements HandlerExce-
ptionResolver {
    @Override
    public ModelAndView resolveException (HttpServletRequest request,
                                          HttpServletResponse response,
                                          Object handler,
                                          Exception exception) {
        ModelAndView modelAndView = new ModelAndView ();
        if (exception instanceof NullPointerException){
            modelAndView.addObject ("data", "空指针异常");
            modelAndView.setViewName ("myPage");
        }
        return modelAndView;
    }
}
```

　　在该示例中，自定义的异常处理类 MyCustomExceptionResolver 实现了 HandlerExceptionResolver 接口，并通过重写 resolveException 方法来捕获和处理异常。当捕获到 NullPointerException 类型的异常时使用 ModelAndView 添加 data 属性，其值为"空指针异常"，并将视图名称设置为"myPage"。最终，返回 ModelAndView 对象，Spring MVC 将根据此对象进行页面跳转和错误信息的展示。类似地，可以在 resolveException 方法中添加对其他类型异常的处理逻辑。

9.3.4　声明式统一异常处理

　　在 Spring MVC 框架中，使用@ControllerAdvice 和@ExceptionHandler 注解实现声明式统一异常处理机制。@ControllerAdvice 注解用于标识全局异常处理类，该类中包含多个被@ExceptionHandler 注解标记的方法，每个方法处理不同类型的异常。当全局异常处理类中的每个方法都返回 JSON 格式的数据时，可使用@RestControllerAdvice 注解替代@ControllerAdvice 注解。该组合注解等效于同时使用@ControllerAdvice 和@ResponseBody，自动将方法返回值序列化为 JSON 格式。

　　首先，定义异常处理类，代码如下。

```
@RestControllerAdvice
public class ExceptionAdvice {

}
```

在 ExceptionAdvice 类中使用@RestControllerAdvice 注解将其标注为全局异常处理类。

接下来，在 ExceptionAdvice 类中定义处理异常的方法，代码如下。

```
@RestControllerAdvice
public class ExceptionAdvice {
    // 处理空指针异常
    @ExceptionHandler(NullPointerException.class)
    public Result handleNullPointerException(Exception exception){
        int code = 600;
        String message = exception.getMessage();
        Result result = new Result(code,"空指针异常",message);
        return result;
    }

    // 处理算术异常
    @ExceptionHandler(ArithmeticException.class)
    public Result handleArithmeticException(Exception exception){
        int code = 601;
        String message = exception.getMessage();
        Result result = new Result(code,"算术异常",message);
        return result;
    }

    // 处理其他异常
    @ExceptionHandler(Exception.class)
    public Result handleOtherException(Exception exception){
        int code = 602;
        String message = exception.getMessage();
        Result result = new Result(code,"其他异常",message);
        return result;
    }
}
```

在该示例中，利用@ExceptionHandler 注解指定 handleNullPointerException 方法专门处理空指针异常。类似地，定义 handleArithmeticException 方法处理算术异常。此外，定义 handleOtherException 方法来捕获前两个方法未处理的其他异常。

最后，为验证该异常处理机制的有效性，在 Dao 层模拟异常，代码如下。

```
@Repository
```

```
public class UserDao {
    public User queryById (int id) {
        //省略非核心代码
        String string = null;
        System.out.println (string.length ());
    }
}
```

当 queryById 方法在执行过程中抛出空指针异常时，ExceptionAdvice 类中的
handleNullPointerException 方法捕获异常，并返回包含异常信息的 Result 对象。
类似地，可以在 Controller 层和 Service 层模拟异常，以验证异常处理流程是否
按照预期执行。

9.3.5　异常分类处理策略

为了更有效地管理异常，通常将异常细分为系统异常和业务异常，并针对这
两类异常采取不同的处理策略。

系统异常通常指在程序运行时发生的不可预见的错误，如网络故障、数据库连
接失败、文件读写错误等。对于这类异常，可通过日志记录、监控告警等方式通知
系统运维人员。可以通过继承 RuntimeException 自定义系统异常类，代码如下。

```
public class SystemException extends RuntimeException {
    private int code;

    public SystemException (String message, int code) {
        super (message);
        this.code = code;
    }
    //省略非核心代码
}
```

在 SystemException 类中，code 字段表示系统异常码，message 字段表示系
统异常详细信息。

业务异常指的是在业务逻辑处理中发生的与业务规则相关的错误。例如，用
户输入的数据不符合要求、用户的操作违反了预设的业务规则等。对于业务异
常，通常需要提供明确的提示信息引导用户正确操作。类似地，可以继承
RuntimeException 定义业务异常类，代码如下。

```
public class BusinessException extends RuntimeException {
    private int code;
```

```
public BusinessException(String message, int code){
    super(message);
    this.code = code;
}
//省略非核心代码
}
```

在 BusinessException 类中，code 字段表示业务异常码，message 字段表示业务异常详细信息。

在完成系统异常和业务异常的封装后，定义全局异常处理类，代码如下。

```
@RestControllerAdvice
public class ExceptionAdvice {
    // 处理系统异常
    @ExceptionHandler(SystemException.class)
    public Result handleSystemException(SystemException se){
        //省略非核心代码
    }

    // 处理业务异常
    @ExceptionHandler(BusinessException.class)
    public Result handleBusinessException(BusinessException be){
        //省略非核心代码
    }

    // 处理除业务异常和系统异常外的其他异常
    @ExceptionHandler(Exception.class)
    public Result handleOtherException(Exception exception){
        //省略非核心代码
    }
}
```

在 ExceptionAdvice 类中，利用@ExceptionHandler 注解定义 handleSystemException 方法处理系统异常。同时，定义 handleBusinessException 方法处理业务异常。此外，定义 handleOtherException 方法处理除系统异常和业务异常外的其他类型的异常。

9.4 数据校验

在项目开发过程中，尽管前端校验能够减少无效请求，但是恶意用户或自动化工具可以绕过前端校验向后端发送有害数据。因此，有必要在后端再次进行数据校验。

9.4.1　声明式数据校验概述

Java Bean Validation 提供了遵循 JSR 303、JSR 349 及 JSR 380 规范的注解，用于验证 Java Bean 的属性值。Spring Validation 在此基础上进行了扩展和增强，提供了分组校验、级联校验、声明式校验以及自定义校验等功能。声明式校验通过在 Java Bean 属性上使用注解定义校验规则来实现校验逻辑与业务逻辑的分离。数据校验常用注解及规则如表 9-1 所示。

表 9-1　数据校验常用注解及规则

注　　解	规　　则
@Null	标注值必须为 null
@NotNull	标注值不能为 null
@AssertTrue	标注值必须为 true
@AssertFalse	标注值必须为 false
@Min（value）	标注值必须大于或等于指定的 value
@Max（value）	标注值必须小于或等于指定的 value
@Size（max,min）	标注值必须在 max 和 min 限定的范围内
@Pattern（value）	标注值必须符合指定的正则表达式
@Email	标注值必须是格式正确的 Email 地址
@NotEmpty	标注值不能是空字符串
@Range（min,max）	标注值必须在指定的范围内
@Length（min,max）	标注的字符串长度必须在指定的范围内
@NotBlank	标注的字符串必须非空

以上注解均支持 message 属性，用于在校验失败时返回错误信息。虽然 @NotNull、@NotEmpty 和@NotBlank 注解均用于数据校验以检查字段值是否为空，但它们的用法和校验规则有所区别。其中，@NotNull 注解用于确保对象引用不为 null，但不会校验对象内部数据；@NotEmpty 注解用于字符串、集合或数组，要求至少包含一个字符或元素；@NotBlank 注解用于字符串，要求长度大于 0 且至少包含一个非空白字符。

9.4.2 声明式数据校验应用

在此，以常见的用户注册模块为例展示声明式数据校验的具体应用。

首先，实现用户注册界面，代码如下。

```html
<!--省略非核心代码-->
<form action="……" method="post">
    用户: <input type="text" name="username" />
    密码: <input type="password" name="password" />
    年龄: <input type="text" name="age" />
    邮箱: <input type="email" name="email"/>
    电话: <input type="number" name="phone"/>
    <input type="submit" name="注册">
</form>
```

用户注册表单包含 username、password、age、email 和 phone 等字段。用户填写信息后，将表单以 POST 方式提交至后端控制器。

接下来，定义 User 类封装表单数据，并且使用声明式校验注解对各字段进行合法性校验，代码如下。

```java
public class User {
    @NotBlank (message = "用户名不能为空")
    @Size (min = 4, max = 10, message = "用户名长度为4~10 个字符")
    private String username;

    @NotBlank (message = "密码不能为空")
    @Size (min = 8, max = 20, message = "密码长度为8~20 个字符")
    private String password;

    @Min (value = 0, message = "年龄最小为 0")
    @Max (value = 200, message = "年龄最大为 200")
    private int age;

    @NotBlank (message = "邮箱不能为空")
    @Email (message = "邮箱地址不正确")
    private String email;

    @NotBlank (message = "手机号码不能为空")
    @Pattern (regexp = "^1[0-9]{10}", message = "手机号码格式不正确")
    private String phone;
```

```
    //省略构造函数、setter 和 getter
}
```

在校验过程中，要求用户名不能为空，并且长度必须在 4 到 10 个字符。密码不能为空，且长度在 8 到 20 个字符。年龄字段必须为整数类型，且范围在 0 到 200 岁。邮箱地址亦不能为空，并且必须符合常见的邮箱格式规范。电话号码同样不能为空，并且必须符合中国大陆的手机号码格式。

接着，编写控制器类 UserController 接收前端提交的表单数据，代码如下。

```
@RestController
@RequestMapping ("/users")
public class UserController {
    @PostMapping
    public Result addUser (@Valid User user){
        //省略非核心代码
    }
}
```

在 addUser 方法中利用@Valid 注解校验 User 对象。如果校验失败，那么将抛出 MethodArgumentNotValidException 异常。

然后，定义全局异常处理类 ControllerDataValidAdvice，代码如下。

```
@RestControllerAdvice
public class ControllerDataValidAdvice {
    // 处理 MethodArgumentNotValidException 异常
    @ExceptionHandler (MethodArgumentNotValidException.class)
    public Result handleException (MethodArgumentNotValidException
exception){
        BindingResult bindingResult = exception.getBindingResult ();
        StringBuffer stringBuffer=new StringBuffer ();
        //获取错误数量
        int errorCount = bindingResult.getErrorCount ();
        if (errorCount>0) {
            //遍历错误
            List<FieldError> errorsList = bindingResult.getField-
Errors ();
            Iterator<FieldError> iterator = errorsList.iterator ();
            while (iterator.hasNext ()) {
                FieldError fieldError = iterator.next ();
                //错误字段
                String field = fieldError.getField ();
                //提示信息
                String message = fieldError.getDefaultMessage ();
```

```
                        stringBuffer.append (field+"字段有误: "+message+" ");
            }
        }
        String data = stringBuffer.toString ();
        Result result = new Result (500,data,"数据异常");
        return result;
    }
}
```

在该类中，使用@ExceptionHandler 注解指定 handleException 方法处理 Method-ArgumentNotValidException 类型的异常。通过遍历 BindingResult 对象中的错误信息，将每个错误字段及其对应的提示信息封装在 Result 对象中并返回。

最后，对用户注册功能进行测试，如图 9-1 所示。

新用户注册

用户: zxx

密码: •••

年龄: 300

邮箱: abc@qq.com

电话: 139

提交

图 9-1 用户注册功能测试

后端控制器对表单数据进行校验后返回如下结果。

```
{
    "status": 500,
    "data": "age 字段有误: 年龄最大为 200 phone 字段有误: 手机号码格式不正确
password 字段有误: 密码长度为8~20 个字符 username 字段有误: 用户名长度为4~10 个字符",
    "message": "数据异常"
}
```

该响应清晰地列出了每个错误字段及其对应的提示，便于前端向用户展示确切的异常信息。

9.5 访问静态资源

在 Spring MVC 框架中，DispatcherServlet 默认拦截所有请求并将它们映射到相应的控制器。由于不存在与静态资源（如 CSS、JS 或图片文件）对应的控制器，导致 DispatcherServlet 无法处理此类请求并返回 404 错误。为了实现对静态资源的访问，需要将这些请求交给 Servlet 容器的默认 Servlet 处理，相关代码如下。

```
@Configuration
@ComponentScan ("……")
@EnableWebMvc
public class SpringMVCConfig implements WebMvcConfigurer {
    //省略非核心代码
    @Override
public void configureDefaultServletHandling (DefaultServletHandler-
Configurer configurer){
        configurer.enable();
    }
}
```

在配置类中重写 WebMvcConfigurer 接口的 configureDefaultServletHandling 方法，并调用 DefaultServletHandlerConfigurer 对象的 enable 方法，将静态资源请求委派给 Servlet 容器的默认 Servlet 处理。当客户端请求静态资源时不再经过 DispatcherServlet，而直接由容器的默认 Servlet 处理。

9.6　跨资源共享

为确保数据安全，浏览器采用同源策略限制网页或脚本与不同源的资源进行交互。所谓"同源"，指交互双方的协议、主机（包括域名和 IP 地址）以及端口号必须完全一致。如果这三者中任意一项不同，那么浏览器将判定访问来自不同的源并阻止其执行。

在实际开发中，跨域访问的需求非常普遍，为了解决这个问题，W3C 制定了跨源资源共享（Cross-Origin Resource Sharing，CORS）标准。CORS 允许服务器通过 HTTP 响应头声明跨域访问规则。浏览器收到跨域请求响应后，校验响应头中的 CORS 策略信息。若请求源匹配服务端设定的允许列表则允许执行跨域操作；否则拦截。

下面介绍 Spring MVC 处理跨域的两种常用方式。

9.6.1　@CrossOrigin 注解

在控制器上使用@CrossOrigin 注解开启 CORS 支持，示例代码如下。

```
@CrossOrigin
@RestController
@RequestMapping ("/employees")
public class EmployeeController {
    //省略非核心代码
}
```

在 EmployeeController 类使用@CrossOrigin 注解，允许该类中所有方法接收来自任何源的请求。当响应浏览器请求时，Spring MVC 将自动在响应中添加 CORS 响应头允许跨域请求。

9.6.2　addCorsMappings 方法

当应用中多个控制器均需要处理跨域请求时，为避免在每个控制器上添加 @CrossOrigin 注解，可通过重写 WebMvcConfigurer 接口的 addCorsMappings 方法配置全局 CORS，示例代码如下。

```
@Configuration
@ComponentScan (......)
@EnableWebMvc
public class SpringMVCConfig implements WebMvcConfigurer {
    //省略非核心代码
    @Override
    public void addCorsMappings (CorsRegistry registry){
        //指定后台的哪些请求路径需要进行 CORS 处理
        registry.addMapping ("/**")
                //允许哪些来源进行跨域请求
                . allowedOriginPatterns ("*")
                //允许跨域的请求方式
                .allowedMethods ("GET", "POST", "PUT", "DELETE",
"OPTIONS")
                //允许在跨域请求中包含哪些 HTTP 头
                .allowedHeaders ("*")
                //是否允许携带凭证
                .allowCredentials (true)
                //设置预检请求的缓存时间
                .maxAge (3600);
    }
}
```

在该示例中，addMapping 方法指定需要应用 CORS 的请求路径，通配符 "/**"表示应用于所有路径，实际项目中应调整为更精细的路径，例如 registry.

addMapping（"/api/"）表示仅对以/api/开头的路径进行跨域访问。allowed-OriginPatterns 方法设置允许的跨域来源，"*"表示允许任何来源发起请求。在生产环境中为确保安全应明确指定可信来源，例如 https://example.com。allowedMethods 方法指定允许的 HTTP 方法，如 POST、GET、DELETE、PUT 和 OPTIONS。allowedHeaders 方法设置允许的 HTTP 头，"*"表示允许所有头信息，也可以限定为特定的头信息，如 Content-Type 或 Authorization。allowCredentials 方法用于设置是否允许携带凭证（如 Cookies 或 HTTP 认证信息）。启用该选项时，allowedOriginPatterns 不能为"*"，必须明确指定来源，否则会导致配置错误。maxAge 方法设置预检请求的缓存时间（单位：秒）。在此期间，相同的跨域请求无须重复预检。

9.7　Web 组件

　　Servlet 规范定义了 Servlet、过滤器及监听器等组件。Servlet 负责处理客户端的请求并生成响应；过滤器用于在请求到达 Servlet 前或响应发送给客户端后执行特定操作；监听器负责监听域对象 HttpSession、HttpServletRequest 和 ServletContext 的创建与销毁及其属性变化。需要注意的是，尽管我们经常在 Spring MVC 环境中使用监听器和过滤器，但它们其实并非 Spring MVC 的专有组件，而是 Servlet 原生 API 的一部分。

9.7.1　监听器

　　ContextLoaderListener 是 Spring 框架中一个非常重要的监听器，它实现了 Servlet 规范中的 ServletContextListener 接口。在应用启动时，ContextLoaderListener 负责初始化 Spring 的根上下文，当应用关闭时负责销毁这个上下文。在基于 XML 配置的 Web 项目中，使用<listener>标签配置 ContextLoaderListener，并使用<context-param>标签指定 Spring 配置文件的位置，代码如下。

```
<web-app>
    <!-- 配置 ContextLoaderListener -->
    <listener>
        <listener-class>org.springframework.web.context.Context-
LoaderListener</listener-class>
    </listener>
    <!-- 指定 Spring 配置文件的位置 -->
```

```
<context-param>
    <param-name>contextConfigLocation</param-name>
    <param-value>/WEB-INF/spring/applicationContext.xml</param-value>
</context-param>
<!-- 省略非核心配置 -->
</web-app>
```

在基于 Java 配置的 Spring 项目中不再需要显式配置 ContextLoaderListener。Servlet3.0 提供了 SPI 机制，在 Servlet 容器启动时通过 ServletContainerInitializer 接口自动加载和初始化第三方组件。Spring 框架利用这种机制，提供了 ServletContainerInitializer 接口的实现类 SpringServletContainerInitializer。

当容器启动时自动调用 SpringServletContainerInitializer 的 onStartup 方法，在该方法内查找所有实现了 WebApplicationInitializer 接口的类，并依次调用它们的 onStartup 方法完成应用初始化。AbstractAnnotationConfigDispatcherServletInitializer 是 WebApplicationInitializer 接口的实现类，它提供了默认的实现以简化配置过程。在开发中，可以通过继承该类并重写 getRootConfigClasses、getServletConfigClasses 和 getServletMappings 等方法配置根上下文、Servlet 上下文，以及 Servlet 的映射关系，代码如下。

```
public class DispatcherServletInitializer extends AbstractAnnota-
tionConfigDispatcherServletInitializer {
    @Override
    protected Class<?>[] getRootConfigClasses () {
        // 配置根上下文
    }

    @Override
    protected Class<?>[] getServletConfigClasses () {
        // 配置 Servlet 上下文
    }

    @Override
    protected String[] getServletMappings () {
        // 配置 Servlet 映射
    }
}
```

借助 SpringServletContainerInitializer 和 WebApplicationInitializer 接口的实现

类，应用程序在容器启动时自动完成初始化工作，无须再手动配置 ContextLoader-
Listener。

9.7.2　过滤器

过滤器是 Web 规范中的核心组件，用于在请求到达控制器之前进行预处
理，或在响应发送给客户端前进行后处理。在 Spring 项目中，经常使用 Abstract-
AnnotationConfigDispatcherServletInitializer 和 FilterRegistrationBean 配置过滤器。

在之前的案例中，通过重写 AbstractAnnotationConfigDispatcherServletInitializer
类的 getServletFilters 方法配置编码过滤器。请各位读者尝试使用 FilterRegistration-
Bean 实现相同的功能。

9.7.3　拦截器

处理器拦截器（简称拦截器）用于拦截用户的请求，并在控制器处理请求之
前或之后执行特定的逻辑，例如权限验证、日志记录、用户身份验证等。在
Spring 项目中，可以使用 HandlerInterceptor 接口定义处理器拦截器，该接口包括
preHandle、postHandle 和 afterCompletion 三个方法。其中，preHandle 在控制器
处理请求之前被调用，并决定该请求是否应继续传递到下一个拦截器或控制器。
如果返回 true，则请求将继续传递；如果返回 false，则中断请求处理。
postHandle 方法在控制器处理请求之后，视图渲染之前被调用。afterCompletion
方法在请求处理完成之后被调用。

同一个应用程序中可以配置多个拦截器，这些拦截器按照配置的顺序形成拦
截器链（Interceptor Chain），其工作原理如图 9-2 所示。当请求到达时，依次通
过拦截器链中每个拦截器的 preHandle 方法。只有当每个拦截器的 preHandle 方
法都返回 true 时，请求才会传递到控制器方法。控制器处理完请求后，按照与
preHandle 相反的调用顺序依次调用每个拦截器的 postHandle 方法。最后，同样
按照与 preHandle 相反的调用顺序执行每个拦截器的 afterCompletion 方法。

图 9-2　拦截器的工作原理

下面通过一个具体案例详细介绍拦截器的使用方法。

首先，创建控制器实现用户查询操作，代码如下。

```
@Controller
@RequestMapping ("/uc")
public class UserController {
    @GetMapping ("/{id}")
    @ResponseBody
    public Result getUserById (@PathVariable ("id") String id) {
        System.out.println ("依据 id 查询用户,id="+id);
        //省略非核心代码
    }
}
```

接下来，利用 HandlerInterceptor 接口创建拦截器，并使用@Component 注解将其注册为 Spring 容器中的 Bean，代码如下。

```
@Component
public class FirstHandlerInterceptor implements HandlerInterceptor {
    @Override
    public boolean preHandle (HttpServletRequest request,
                        HttpServletResponse response,
                        Object handler) throws Exception {
        System.out.println ("FirstHandlerInterceptor preHandle");
        // 返回 true 表示放行
        return true;
    }

    @Override
    public void postHandle (HttpServletRequest request,
                    HttpServletResponse response,
                    Object handler,
                    ModelAndView modelAndView) throws Exception {
        System.out.println ("FirstHandlerInterceptor postHandle");
    }

    @Override
    public void afterCompletion (HttpServletRequest request,
                        HttpServletResponse response,
                        Object handler,
                        Exception ex) throws Exception {
        System.out.println ("FirstHandlerInterceptor afterCompletion");
    }
}
```

在 FirstHandlerInterceptor 类中实现 HandlerInterceptor 接口的方法，并在 preHandle 方法中返回 true 表示继续处理请求。

最后，在 Spring MVC 的配置类中注册拦截器，代码如下。

```
@Configuration
@ComponentScan({"com.cn.controller","com.cn.interceptor"})
@EnableWebMvc
public class SpringMVCConfig implements WebMvcConfigurer {
    // 省略非核心代码
    @Autowired
    FirstHandlerInterceptor firstHandlerInterceptor;
    @Override
    public void addInterceptors(InterceptorRegistry registry){
        String[] pathPatterns = {"/uc/**","/oc/**"};
        registry.addInterceptor ( firstHandlerInterceptor ) .add-
PathPatterns(pathPatterns);
    }
}
```

在此配置类中，通过 @ComponentScan 注解扫描拦截器所在包。在 addInterceptors 方法中，通过 InterceptorRegistry 添加拦截器，并调用其 addPath-Patterns 方法设置路径模式。路径模式/uc/**,/oc/**表示拦截所有以/uc 或/oc 开头的请求。

当客户端发送与拦截路径模式相匹配的请求时，控制台输出以下日志。

```
FirstHandlerInterceptor preHandle
依据 id 查询用户,id=1
FirstHandlerInterceptor postHandle
FirstHandlerInterceptor afterCompletion
```

从测试结果可以看到，拦截器按照预期的顺序执行了各拦截方法。首先调用 preHandle 方法拦截请求，随后调用 getUserById 方法处理业务逻辑，接着调用拦截器的 postHandle 方法，最后执行 afterCompletion 方法完成收尾工作。

9.7.4　小结

过滤器和拦截器功能相似，但它们的设计原理和使用场景有显著差异。

过滤器作为 Servlet 规范的一部分，不依赖特定的框架，适用于任何基于 Servlet 的 Web 应用。过滤器能够拦截 Web 应用中的所有动态请求和针对静态资源的请求。在请求到达 Servlet 之前，过滤器执行字符编码设置、日志记录和安全检查等预处理操作。当响应离开 Servlet 后，过滤器执行性能监控、响应压缩等后处理操作。

相比之下，拦截器是 Spring MVC 框架特有的组件。拦截器专注于拦截由 Spring MVC 控制器处理的业务请求，可以在请求进入控制器之前、控制器处理之后以及视图渲染之前等阶段进行拦截，提供了更细粒度的请求控制。在 Web 项目中，若同时配置了过滤器和拦截器，那么它们将协同运作，共同处理用户请求，其工作流程如图 9-3 所示。

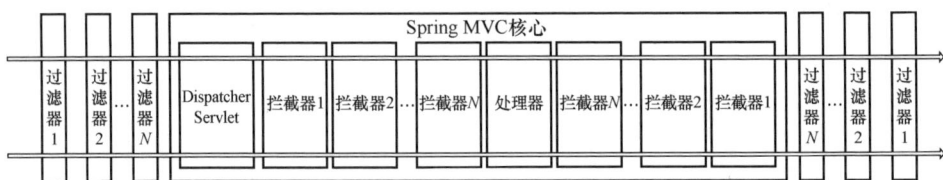

图 9-3　Web 组件工作流程

请各位读者回顾之前的操作：过滤器是配置在 Spring MVC 配置类中，还是配置在 Web 配置类中？

9.8　本章总结

本章主要介绍了 Spring MVC 框架的高阶技术。首先，通过案例介绍了文件上传与下载功能的实现。其次，在异常处理方面，介绍了 HandlerException-Resolver 接口及其实现类的使用，并探讨了自定义异常处理和声明式统一异常处理的实现方式。此外，本章还以案例的形式介绍了声明式数据校验的具体应用。最后，详细介绍了静态资源访问、跨域资源共享、拦截器、过滤器和监听器。

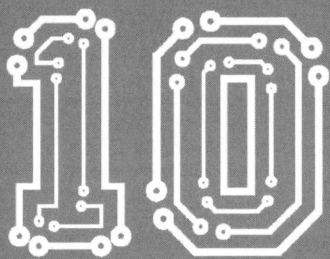

10

SSM 框架整合

Spring、Spring MVC 和 MyBatis（简称 SSM）是 Java 企业级开发中应用最广泛的三大框架。SSM 框架功能全面，能够满足多样化的业务需求，支撑复杂的企业级应用场景。凭借清晰的分层架构和组件间的高效协作，SSM 框架已成为构建企业级应用程序的主流选择。

10.1　容器关系

在使用 SSM 框架进行项目开发时，涉及 Root WebApplicationContext 和 Servlet WebApplicationContext 两个容器。

10.1.1　Root WebApplicationContext

Root WebApplicationContext 又被称为 Spring 容器，它是整个 Web 应用程序的核心容器。Root WebApplicationContext 的初始化由 ContextLoaderListener 负责，该监听器通过 XML 配置文件或 Java 配置类加载上下文配置。使用 XML 文件配置 ContextLoaderListener 并指定 Spring 配置文件的示例代码如下。

```
<!-- 配置 context-param -->
<!-- needed for ContextLoaderListener -->
<context-param>
    <param-name>contextConfigLocation</param-name>
    <!-- 指定 Spring 配置文件路径和名称 -->
    <param-value>classpath:spring.xml</param-value>
</context-param>

<!-- 配置监听器 ContextLoaderListener -->
<!-- Bootstraps the root web application context before servlet
initialization -->
<listener>
    <listener-class>org.springframework.web.context.ContextLoader-
Listener</listener-class>
</listener>
```

完成以上配置后，ContextLoaderListener 将在 Servlet 初始化之前创建 Root WebApplicationContext，并将其存储在 ServletContext 中。

10.1.2　Servlet WebApplicationContext

Servlet WebApplicationContext 又被称为 Spring MVC 容器。当 Web 应用启动时，Servlet 容器初始化 DispatcherServlet 并根据配置文件创建 Servlet WebApplicationContext 管理 Web 层组件。使用 web.xml 配置 DispatcherServlet 的示例代码如下。

```
<!-- 配置 DispatcherServlet -->
<servlet>
    <servlet-name>dispatcherServlet</servlet-name>
    <servlet-
class>org.springframework.web.servlet.DispatcherServlet</servlet-
class>
    <init-param>
        <param-name>contextConfigLocation</param-name>
        <!-- 指定 Spring MVC 配置文件路径和名称 -->
        <param-value>classpath:springmvc.xml</param-value>
    </init-param>
    <load-on-startup>1</load-on-startup>
</servlet>
<!-- 映射 DispatcherServlet -->
<servlet-mapping>
    <servlet-name>dispatcherServlet</servlet-name>
    <url-pattern>/</url-pattern>
</servlet-mapping>
```

在创建 Servlet WebApplicationContext 时，DispatcherServlet 首先检查 Servlet-Context 中是否存在 Root WebApplicationContext。如果存在，DispatcherServlet 则将 Servlet WebApplicationContext 设置为 Root WebApplication Context 的子容器。

10.1.3　容器关系总结

Root WebApplicationContext 和 Servlet WebApplicationContext 存在父子关系，并遵循先父后子的创建顺序。Root WebApplicationContext 作为父容器，负责管理与服务层、持久层相关的 Bean。Servlet WebApplicationContext 作为子容器，负责管理与 Web 层相关的 Bean。

在功能层面上，子容器可以访问父容器中的 Bean，但父容器无法直接访问子容器中的 Bean。在项目开发中，Controller 层依赖业务层的组件。若优先初始化子容器，那么此时由父容器管理的业务层 Bean 可能尚未实例化，将导致编译错误。因此，必须先初始化父容器，再初始化子容器，以确保正确建立依赖关系。

在 SSM 项目启动过程中，可以通过观察 IDEA 控制台日志来验证容器的创建顺序，关键日志信息如下。

```
......
......[org.springframework.web.context.ContextLoader] [Root  Web-
ApplicationContext initialized in xxx ms]
```

```
......
... ...[org.springframework.web.servlet.DispatcherServlet] [Completed
initialization in xxxx ms]
......
```

从以上日志可以看出，ContextLoaderListener 首先初始化了父容器 Root
WebApplicationContext，随后 DispatcherServlet 完成了子容器 Servlet WebApplication-
Context 的初始化。

10.2 SSM 框架整合案例

SSM 的三大框架承担着不同的职责。MyBatis 框架负责与数据库交互，执行
数据的新增、删除、修改和查询操作；Spring MVC 框架负责处理请求并生成响
应；Spring 框架在 SSM 中发挥核心作用，负责对象的创建、配置、管理及依赖
关系的注入，并将数据持久层、业务逻辑层及表现层无缝集成。

接下来，以企业员工信息管理系统为例详细介绍 SSM 框架的整合流程和具
体步骤。

10.2.1 框架整合前期工作

首先，完成框架整合前的各项准备工作，包括添加必要的依赖、设计数据库
和表结构、配置数据库连接的相关信息、制定标准化的响应结构、定义常量类以
及创建实体类。

1. 项目依赖

在 pom.xml 文件中添加项目所需依赖，包括 Spring MVC、MyBatis、
Druid、Logback、Junit、Pagehelper、spring-test、spring-jdbc、Jackson、Servlet、
mybatis-spring 及 MySQL 等，代码如下。

```
<dependencies>
  <!--添加 Spring MVC 依赖-->
  <dependency>
    <groupId>org.springframework</groupId>
    <artifactId>spring-webmvc</artifactId>
    <version>6.0.11</version>
  </dependency>
  <!--添加 Aspect 依赖-->
  <dependency>
```

```xml
    <groupId>org.springframework</groupId>
    <artifactId>spring-aspects</artifactId>
    <version>6.0.11</version>
</dependency>
<!--添加 Servlet 依赖-->
<dependency>
    <groupId>jakarta.platform</groupId>
    <artifactId>jakarta.jakartaee-web-api</artifactId>
    <version>9.1.0</version>
    <scope>provided</scope>
</dependency>
<!--添加 Jackson 依赖-->
<dependency>
    <groupId>com.fasterxml.jackson.core</groupId>
    <artifactId>jackson-databind</artifactId>
    <version>2.10.2</version>
</dependency>
<!--添加 spring-jdbc 依赖-->
<dependency>
    <groupId>org.springframework</groupId>
    <artifactId>spring-jdbc</artifactId>
    <version>5.3.28</version>
</dependency>
<!--添加 spring-test 依赖-->
<dependency>
    <groupId>org.springframework</groupId>
    <artifactId>spring-test</artifactId>
    <version>6.1.1</version>
</dependency>
<!--添加 Junit5 依赖-->
<dependency>
    <groupId>org.junit.jupiter</groupId>
    <artifactId>junit-jupiter-api</artifactId>
    <version>5.9.2</version>
    <scope>test</scope>
</dependency>
<!--添加 MyBatis 依赖-->
<dependency>
    <groupId>org.mybatis</groupId>
    <artifactId>mybatis</artifactId>
    <version>3.5.9</version>
```

```xml
    </dependency>
    <!--添加 MyBatis 分页插件-->
    <dependency>
      <groupId>com.github.pagehelper</groupId>
      <artifactId>pagehelper</artifactId>
      <version>5.3.0</version>
    </dependency>
    <!--添加 mybatis-spring 依赖-->
    <dependency>
      <groupId>org.mybatis</groupId>
      <artifactId>mybatis-spring</artifactId>
      <version>3.0.0</version>
    </dependency>
    <!--添加 MySQL 依赖-->
    <dependency>
      <groupId>mysql</groupId>
      <artifactId>mysql-connector-java</artifactId>
      <version>5.1.37</version>
    </dependency>
    <!--添加 Druid 依赖-->
    <dependency>
      <groupId>com.alibaba</groupId>
      <artifactId>druid</artifactId>
      <version>1.2.8</version>
    </dependency>
    <!--添加 Logback 依赖-->
    <dependency>
      <groupId>ch.qos.logback</groupId>
      <artifactId>logback-classic</artifactId>
      <version>1.4.11</version>
    </dependency>
</dependencies>
```

添加上述依赖后，请刷新 Maven 工程。

2. 数据库与表

在 MySQL 数据库中创建库 ssm，并在库中创建员工表 employee，代码如下。

```sql
-- 创建数据库
DROP DATABASE IF EXISTS ssm;
CREATE DATABASE ssm;
use ssm;
```

```
-- 创建员工表
DROP TABLE IF EXISTS employee;
CREATE TABLE employee (
    id int primary key auto_increment comment '主键',
    name varchar (30) COMMENT '姓名',
    gender varchar (10) comment '性别',
    department varchar (30) comment '所属部门'
);

-- 向员工表插入数据
INSERT INTO employee (name, gender, department) VALUES
('杨倩倩', 'female', '财务部'),
('李思思', 'female', '财务部'),
('张丽丽', 'female', '行政部'),
('杨艳红', 'female', '财务部'),
('李小丽', 'female', '财务部'),
('张菲菲', 'female', '行政部'),
('王大勇', 'male', '行政部'),
('李刚强', 'male', '技术部'),
('钱勇高', 'male', '技术部'),
('杨飞飞', 'male', '技术部'),
('王刚飞', 'male', '行政部'),
('李小强', 'male', '技术部'),
('孙大希', 'male', '技术部'),
('柳飞虹', 'male', '技术部');

-- 查询所有员工
SELECT * FROM employee;
```

在表 employee 中，id 字段为自增主键，表示员工编号；name 字段表示员工姓名；gender 字段表示员工性别；department 字段表示员工所属部门。

3. 数据库配置文件

创建数据库配置文件 db.properties 存储数据库连接信息，如驱动类名、URL、用户名和密码等，代码如下。

```
db.driver=com.mysql.jdbc.Driver
db.url=jdbc:mysql://localhost:3306/ssm
db.username=root
db.password=root
```

在项目开发中，请依据实际情况修改 db.driver、db.url、db.username 及

db.password 等属性的值。

4. 统一返回结果

创建 Result 类封装服务端返回结果，实现标准化响应结构，代码如下。

```java
public class Result {
    // 响应状态码
    private int status;
    // 响应数据
    private Object data;
    // 响应消息
    private String message;
    //省略构造函数、setter 和 getter
}
```

Result 类包含 status、data 和 message 三个字段。其中，status 表示响应状态码，data 表示服务端返回的数据，message 表示附加消息或说明。

5. 常量类

创建常量类 Constant 集的管理项目中所有的常量值，代码如下。

```java
public class Constant {
    public static final int INSERT_OK = 1;
    public static final int INSERT_ERROR = 0;
    public static final String INSERT_OK_MESSAGE = "新增成功";
    public static final String INSERT_ERROR_MESSAGE = "新增失败";
    public static final int QUERY_OK = 1;
    public static final int QUERY_ERROR = 0;
    public static final String QUERY_OK_MESSAGE = "查询成功";
    public static final String QUERY_ERROR_MESSAGE = "查询失败";
    public static final int DELETE_OK = 1;
    public static final int DELETE_ERROR = 0;
    public static final String DELETE_OK_MESSAGE = "删除成功";
    public static final String DELETE_ERROR_MESSAGE = "删除失败";
    public static final int UPDATE_OK = 1;
    public static final int UPDATE_ERROR = 0;
    public static final String UPDATE_OK_MESSAGE = "更新成功";
    public static final String UPDATE_ERROR_MESSAGE = "更新失败";
    // 业务异常
    public static final int BUSINESS_EXCEPTION=500;
    // 系统异常
    public static final int SYSTEM_EXCEPTION=600;
    // 系统未知异常
    public static final int UNKNOWN_EXCEPTION=700;
}
```

Constant 类中定义了一系列与数据库操作结果及异常处理相关的常量。

6．实体类

创建员工实体类 Employee，代码如下。

```
public class Employee{
    private Integer id;
    private String name;
    private String gender;
    private String department;
    // 省略构造函数、getter 和 setter
}
```

类 Employee 与表 employee 对应，该类的四个属性分别表示员工编号、姓名、性别和所属部门。

10.2.2　Spring 框架整合持久层

在 SSM 三大框架的整合中，首先利用 Spring 框架整合持久层框架 MyBatis。

1．持久层接口文件

创建 EmployeeMapper 接口，代码如下。

```
public interface EmployeeMapper {
    //依据 id 查询员工
    Employee getById(int id);
    //查询所有员工
    List<Employee> getAll();
    //依据关键字查询员工
    List<Employee> getByKeyword(String keyword);
    //插入员工
    int insert(Employee employee);
    //更新员工
    int update(Employee employee);
    //依据 id 删除员工
    int deleteById(int id);
}
```

该接口声明了员工查询、插入、更新及删除等方法。

2．持久层映射文件

在 src/main/resources 目录下创建映射文件，代码如下。

```
<mapper namespace="com.cn.mapper.EmployeeMapper">

    <select id="getById" parameterType="int" resultType="employee">
```

```xml
        select * from employee where id = #{id}
    </select>

    <select id="getByKeyword" parameterType="String" resultType=
"employee">
        select * from employee where name like concat ( '%',
#{keyword},'%')
    </select>

    <select id="getAll" resultType="employee">
        select * from employee
    </select>

    <insert id="insert" parameterType="employee">
        insert into employee ( name,gender,department ) values
(#{name},#{gender},#{department})
    </insert>

    <update id="update" parameterType="employee">
        update employee set name=#{name},gender=#{gender},department
=#{department} where id=#{id}
    </update>

    <delete id="deleteById" parameterType="int">
        delete from employee where id=#{id}
    </delete>

</mapper>
```

在映射文件中使用<select>、<insert>、<update>和<delete>等标签，定义了与
EmployeeMapper 接口中各方法对应的 SQL 语句。

3. 日志配置文件

在 resources 文件夹中创建日志配置文件 Logback，代码如下。

```xml
<?xml version="1.0" encoding="UTF-8"?>
<configuration debug="true">
    <!-- 指定日志输出位置-->
    <appender name="STDOUT" class="ch.qos.logback.core.Console-
Appender">
        <encoder>
            <!-- 日志输出格式 -->
            <pattern>[%d{HH:mm:ss.SSS}] [%-5level] [%thread] [%logger]
```

```
[%msg]%n</pattern>
            <charset>UTF-8</charset>
        </encoder>
    </appender>

    <root level="DEBUG">
        <appender-ref ref="STDOUT" />
    </root>

    <!-- 指定 mapper 包路径和日志级别 -->
    <logger name="com.cn.mapper" level="DEBUG" />
</configuration>
```

在以上配置中利用 logger 标签指定映射文件所在路径并设置日志级别。

4. 数据源配置类

创建数据源配置类 DataSourceConfig，代码如下。

```
@PropertySource ("classpath:db.properties")
public class DataSourceConfig{
    @Value ("${db.driver}")
    private String driver;
    @Value ("${db.url}")
    private String url;
    @Value ("${db.username}")
    private String username;
    @Value ("${db.password}")
    private String password;

    @Bean
    public DataSource dataSource () {
        DruidDataSource druidDataSource = new DruidDataSource ();
        druidDataSource.setDriverClassName (driver);
        druidDataSource.setUrl (url);
        druidDataSource.setUsername (username);
        druidDataSource.setPassword (password);
        return druidDataSource;
    }
}
```

在该配置类中使用@PropertySource 注解引用位于类路径下的数据库配置文件 db.properties。接着，使用@Value 注解将配置文件中的数据库驱动、URL、用户名和密码等信息注入配置类的属性中。然后，定义 dataSource 方法并使用@Bean

注解将其标记为一个由 Spring 容器管理的 Bean。在该方法内部，创建 Druid-DataSource 类型的实例并配置数据库连接信息。

5. MyBatis 配置类

在完成数据源配置后，创建 MyBatis 配置类，代码如下。

```java
public class MyBatisConfig {
    // 配置分页插件
    @Bean
    public PageInterceptor pageInterceptor () {
        PageInterceptor pageInterceptor = new PageInterceptor ();
        // 设置分页插件的属性
        Properties properties = new Properties ();
        properties.setProperty ("helperDialect", "mysql");
        properties.setProperty ("params", "count=countSql");
        properties.setProperty ("reasonable", "true");
        properties.setProperty ("support-methods-arguments", "true");
        pageInterceptor.setProperties (properties);
        return pageInterceptor;
    }

    // 定义 SqlSessionFactoryBean
    @Bean
    public SqlSessionFactoryBean sqlSessionFactoryBean ( DataSource
dataSource, PageInterceptor pageInterceptor) {
        SqlSessionFactoryBean sqlSessionFactoryBean = new SqlSession-
FactoryBean ();
        sqlSessionFactoryBean.setDataSource (dataSource);
        Configuration configuration = new Configuration ();
        configuration.setMapUnderscoreToCamelCase (true);
        configuration.setLogImpl (Slf4jImpl.class);
configuration.setAutoMappingBehavior (AutoMappingBehavior.FULL);
        sqlSessionFactoryBean.setConfiguration (configuration);
        sqlSessionFactoryBean.setTypeAliasesPackage ("com.cn.pojo");
        Interceptor[] interceptors = {pageInterceptor};
        sqlSessionFactoryBean.setPlugins (interceptors);
        return sqlSessionFactoryBean;
    }

    // 定义 MapperScannerConfigurer 类型的 Bean
```

```
    @Bean
    public MapperScannerConfigurer mapperScannerConfigurer () {
        MapperScannerConfigurer mapperScannerConfigurer = new Mapper-
ScannerConfigurer ();
        mapperScannerConfigurer.setBasePackage ("com.cn.mapper");
        return mapperScannerConfigurer;
    }

    // 定义 PlatformTransactionManager 类型的 Bean
    @Bean
    public PlatformTransactionManager platformTransactionManager
(DataSource dataSource) {
        DataSourceTransactionManager dataSourceTransactionManager =
new DataSourceTransactionManager ();
        dataSourceTransactionManager.setDataSource (dataSource);
        return dataSourceTransactionManager;
    }
}
```

在该配置类中配置了分页插件、SqlSessionFactoryBean、MapperScanner-Configure 及事务管理器。在项目开发中，请根据项目实际情况调整以上配置。

6. Spring 配置类

创建 Spring 配置类，代码如下。

```
@Configuration
@ComponentScan ({"com.cn.mapper"})
@Import ({DataSourceConfig.class,MyBatisConfig.class})
public class SpringConfig {
}
```

在 SpringConfig 类上，使用@Configuration 注解将该类标识为配置类。同时，使用@Import 注解导入数据源配置类和 MyBatis 配置类。另外，通过@ComponentScan 注解扫描 com.cn.mapper 包及其子包。在扫描过程中，Spring 框架自动识别使用了@Component、@Repository 等注解的类，并将它们注册为 Spring 容器中的 Bean。

7. 持久层单元测试

完成 Spring 框架对 MyBatis 框架的整合后，对持久层进行单元测试，代码如下。

```
@SpringJUnitConfig (value = {SpringConfig.class})
public class DaoTest {
```

```
    @Autowired
    private EmployeeMapper employeeMapper;
    @Test
    public void testGetEmployeeById () {
        int id = 1;
        Employee employee = employeeMapper.getById (id);
        System.out.println (employee);
    }
}
```

在测试类上使用@SpringJUnitConfig 注解指定单元测试使用的 Spring 配置类。在测试类中利用@Autowired 注解自动装配 EmployeeMapper 类型的 Bean。在测试方法 testGetEmployeeById 中调用 getById 方法获取 id 为 1 的员工信息。持久层其他方法的单元测试与此类似，这里不再赘述。

10.2.3 Spring 框架整合业务层

完成 Spring 框架与 MyBatis 框架的整合后，再利用 Spring 框架整合业务层。

1. 业务层接口

创建业务层接口 EmployeeService，代码如下。

```
public interface EmployeeService {
    Employee findEmployeeById (int id);

    PageInfo<Employee> findEmployeeByKeywordByPage (String keyword,
int pageNumber, int pageSize);

    PageInfo<Employee> findAllEmployeeByPage (int pageNumber, int
pageSize);

    boolean insertEmployee (Employee employee);

    boolean updateEmployee (Employee employee);

    boolean deleteEmployeeById (int id);
}
```

该接口定义了与员工相关的业务方法，如分页查询员工、插入员工、更新员工和删除员工。

2. 业务层实现类

创建业务层接口实现类 EmployeeServiceImpl，代码如下。

```java
@Transactional
@Service
public class EmployeeServiceImpl implements EmployeeService {
    @Autowired
    private EmployeeMapper employeeMapper;
    @Override
    public Employee findEmployeeById (int id) {
        Employee employee = employeeMapper.getById (id) ;
        return employee;
    }

    @Override
    public List<Employee> findEmployeeByKeyword (String keyword) {
        List<Employee> list = employeeMapper.getByKeyword (keyword) ;
        return list;
    }

    @Override
    public PageInfo<Employee> findEmployeeByKeywordByPage (String
keyword,int pageNumber, int pageSize) {
        PageHelper.startPage (pageNumber, pageSize) ;
        List<Employee> employeeList = employeeMapper.getByKeyword
(keyword) ;
        PageInfo<Employee> pageInfo = new PageInfo<> (employeeList) ;
        return pageInfo;
    }

    @Override
    public List<Employee> findAllEmployee () {
        List<Employee> list = employeeMapper.getAll () ;
        return list;
    }

    @Override
    public PageInfo<Employee> findAllEmployeeByPage (int pageNumber,
int pageSize) {
        PageHelper.startPage (pageNumber, pageSize) ;
        List<Employee> employeeList = employeeMapper.getAll () ;
        PageInfo<Employee> pageInfo = new PageInfo<> (employeeList) ;
        return pageInfo;
    }
```

```java
@Override
public boolean insertEmployee (Employee employee) {
    int rows = employeeMapper.insert (employee) ;
    if (rows == Constant.INSERT_ERROR) {
        return false;
    }
    return true;
}

@Override
public boolean updateEmployee (Employee employee) {
    int rows = employeeMapper.update (employee) ;
    if (rows == Constant.UPDATE_ERROR) {
        return false;
    }
    return true;
}

@Override
public boolean deleteEmployeeById (int id) {
    int rows = employeeMapper.deleteById (id) ;
    if (rows == Constant.DELETE_ERROR) {
        return false;
    }
    return true;
}
```

在该实现类中，利用@Autowired 注解注入 EmployeeMapper 对象并调用持久层方法。在该类上使用@Service 注解表示将该类标记为业务层 Bean，并使用@Transactional 注解对类中的所有方法实现事务管理。

3. 切面

创建类 MyAspect，并在该类上使用@Aspect 注解将其标注为切面。使用@Component 注解将该类注册为 Spring 容器的 Bean，代码如下。

```java
@Component
@Aspect
public class MyAspect {
    //定义切入点
    @Pointcut ("execution (public * com.cn.service.EmployeeService.
* (..)) ")
    private void myPointCut () {
```

```
    }

    //环绕通知
    @Around("myPointCut()")
    public Object testAroundAdvice(ProceedingJoinPoint proceeding-
JoinPoint) throws Throwable {
        //记录方法开始执行的时间
        long start = System.currentTimeMillis();
        //方法执行
        Object result = proceedingJoinPoint.proceed();
        //记录方法执行结束的时间
        long end = System.currentTimeMillis();
        Object target = proceedingJoinPoint.getTarget();
        //获取目标类的名称
        String className = target.getClass().getName();
        //获取目标方法的名称
        String methodName = proceedingJoinPoint.getSignature().
getName();
        //计算方法执行的耗时
        System.out.println("环绕通知: "+className+"类的"+methodName+"
方法耗时"+(end-start)+"毫秒");
        return result;
    }

}
```

在 MyAspect 类中使用@Pointcut 注解定义切入点，切入点表达式匹配
com.cn.service.EmployeeService 接口中的所有公共方法。在切面类中，利用环绕
通知计算方法执行的时长。

4．Spring 配置类

修改 Spring 配置类，完善与业务层相关的配置，代码如下。

```
@Import({DataSourceConfig.class,MyBatisConfig.class})
@Configuration
@ComponentScan
({"com.cn.mapper","com.cn.service","com.cn.aspect"})
@EnableAspectJAutoProxy
@EnableTransactionManagement
public class SpringConfig {

}
```

利用@ComponentScan 注解扫描 com.cn.service 和 com.cn.aspect 包及其子包。在扫描过程中，Spring 框架自动识别使用了@Component、@Service 等注解的类，并将它们注册为 Spring 容器中的 Bean。利用@EnableAspectJAutoProxy 注解开启基于注解的 AOP 支持，利用@EnableTransactionManagement 注解启用声明式事务管理。

5．业务层单元测试

完成 Spring 框架对业务层的整合后，对业务层进行单元测试，代码如下。

```
@SpringJUnitConfig(value = {SpringConfig.class})
public class ServiceTest {
    @Autowired
    private EmployeeService employeeService;

    @Test
    public void testFindEmployeeById() {
        Employee employee = employeeService.findEmployeeById(1);
        System.out.println(employee);
    }
}
```

在测试类中利用@Autowired 注解自动装配 EmployeeService 类型的 Bean。在测试方法中调用 findEmployeeById 查询 id 为 1 的员工信息。业务层其他方法的单元测试与此类似，这里不再赘述。

10.2.4　Spring 框架整合表现层

完成持久层和业务层的整合后，再利用 Spring 框架整合表现层。

1．控制器

创建控制器 EmployeeController，代码如下。

```
@RestController
@RequestMapping("/employees")
public class EmployeeController {
    @Autowired
    private EmployeeService employeeService;

    @GetMapping("/{id}")
    public Result findEmployeeById(@PathVariable("id") int id) {
        Result result = new Result();
        Employee employee = employeeService.findEmployeeById(id);
```

```java
            if (employee == null) {
                result.setStatus (Constant.QUERY_ERROR) ;
                result.setMessage (Constant.QUERY_ERROR_MESSAGE) ;
            } else {
                result.setStatus (Constant.QUERY_OK) ;
                result.setMessage (Constant.QUERY_OK_MESSAGE) ;
                result.setData (employee) ;
            }
            return result;
        }

        @GetMapping ("/{pageNumber}/{pageSize}")
        public Result findAllEmployeeByPage (@PathVariable ("pageNumber")
int pageNumber,@PathVariable ("pageSize") int pageSize) {
            Result result = new Result () ;
            PageInfo<Employee> pageInfo = employeeService.findAllEmp-
loyeeByPage (pageNumber, pageSize);
            if (pageInfo == null) {
                result.setStatus (Constant.QUERY_ERROR) ;
                result.setMessage (Constant.QUERY_ERROR_MESSAGE) ;
            } else {
                result.setStatus (Constant.QUERY_OK) ;
                result.setMessage (Constant.QUERY_OK_MESSAGE) ;
                result.setData (pageInfo) ;
            }
            return result;
        }

        @GetMapping ("/queryByPage/{keyword}/{pageNumber}/{pageSize}")
        public   Result   findEmployeeByKeywordByPage ( @PathVariable
("keyword") String queryKeyword,
                                             @PathVariable ("pageNumber")
int pageNumber,
                                             @PathVariable ("pageSize")
int pageSize) {
            Result result = new Result () ;
            PageInfo<Employee> pageInfo = employeeService.findEmployeeBy-
KeywordByPage (queryKeyword, pageNumber, pageSize);
            if (pageInfo == null) {
                result.setStatus (Constant.QUERY_ERROR) ;
                result.setMessage (Constant.QUERY_ERROR_MESSAGE) ;
```

```java
    } else {
        result.setStatus (Constant.QUERY_OK) ;
        result.setMessage (Constant.QUERY_OK_MESSAGE) ;
        result.setData (pageInfo) ;
    }
    return result;
}


@PostMapping
public Result insertEmployee (@RequestBody Employee employee) {
    Result result = new Result () ;
    boolean isSuc = employeeService.insertEmployee (employee) ;
    if (isSuc) {
        result.setStatus (Constant.INSERT_OK) ;
        result.setMessage (Constant.INSERT_OK_MESSAGE) ;
        result.setData (true) ;
    } else {
        result.setStatus (Constant.INSERT_ERROR) ;
        result.setMessage (Constant.INSERT_ERROR_MESSAGE) ;
        result.setData (false) ;
    }
    return result;
}


@PutMapping
public Result updateEmployee (@RequestBody Employee employee) {
    Result result = new Result () ;
    boolean isSuc = employeeService.updateEmployee (employee) ;
    if (isSuc) {
        result.setStatus (Constant.UPDATE_OK) ;
        result.setMessage (Constant.UPDATE_OK_MESSAGE) ;
        result.setData (true) ;
    } else {
        result.setStatus (Constant.UPDATE_ERROR) ;
        result.setMessage (Constant.UPDATE_ERROR_MESSAGE) ;
        result.setData (false) ;
    }
    return result;
```

```
        }

        @DeleteMapping ("/{id}")
        public Result deleteEmployeeById ( @PathVariable ( "id" ) int
movieId) {
            Result result = new Result ();
            boolean isSuc = employeeService.deleteEmployeeById (movieId);
            if (isSuc) {
                result.setStatus (Constant.DELETE_OK);
                result.setMessage (Constant.DELETE_OK_MESSAGE);
                result.setData (true);
            } else {
                result.setStatus (Constant.DELETE_ERROR);
                result.setMessage (Constant.DELETE_ERROR_MESSAGE);
                result.setData (false);
            }
            return result;
        }
    }
```

在 EmployeeController 类上使用@RestController 注解将其标注为 REST 风格
的控制器，使用@RequestMapping 注解指定基础 URL 路径。在 Employee-
Controller 类中利用@Autowired 注解注入 EmployeeService 对象，并调用业务层
的方法。所有控制器方法处理完用户请求后，将响应结果统一封装为 Result 类型
的数据。

2. 拦截器

编写拦截器 MyHandlerInterceptor 拦截用户的请求，代码如下。

```
@Component
public class MyHandlerInterceptor implements HandlerInterceptor {
    @Override
    public boolean preHandle (HttpServletRequest request,
                              HttpServletResponse response,
                              Object handler) throws Exception {
        System.out.println ("拦截器 preHandle");
        return true;
    }

    @Override
```

```java
public void postHandle (HttpServletRequest request,
                        HttpServletResponse response,
                        Object handler,
                        ModelAndView modelAndView) throws Exception {
    System.out.println("拦截器 postHandle");
}

@Override
public void afterCompletion (HttpServletRequest request,
                        HttpServletResponse response,
                        Object handler,
                        Exception ex) throws Exception {
    System.out.println("拦截器 afterCompletion");
}
}
```

在 MyHandlerInterceptor 类上使用@Component 注解将其注册为 Spring 容器中的 Bean。该类实现了 HandlerInterceptor 接口的 preHandle 方法、postHandle 方法和 afterCompletion 方法，在处理请求之前、之后以及整个请求完成之后执行特定的逻辑。

3. 统一异常处理

在项目中利用 Spring MVC 异常处理机制统一处理异常。

首先，创建 SystemException 类封装系统异常，代码如下。

```java
public class SystemException extends RuntimeException {
    private int code;
    public SystemException (String message, int code){
        super(message);
        this.code = code;
    }
    //省略非核心代码
}
```

在 SystemException 类中，code 字段表示系统异常码，message 字段表示系统异常详细信息。

类似地，创建 BusinessException 类封装业务异常，代码如下。

```java
public class BusinessException extends RuntimeException {
    private int code;
    public BusinessException (String message, int code){
        super(message);
        this.code = code;
```

```
    }
    //省略非核心代码
}
```

在 BusinessException 类中，code 字段表示业务异常码，message 字段表示业务异常详细信息。

完成系统异常和业务异常的封装后，定义异常处理类，代码如下。

```
@RestControllerAdvice
public class ExceptionAdvice {
    // 处理系统异常
    @ExceptionHandler(SystemException.class)
    public Result handleSystemException(SystemException se){
        //省略非核心代码
    }

    // 处理业务异常
    @ExceptionHandler(BusinessException.class)
    public Result handleBusinessException(BusinessException be){
        //省略非核心代码
    }

    // 处理除业务异常和系统异常之外的其他异常
    @ExceptionHandler(Exception.class)
    public Result handleOtherException(Exception exception){
        //省略非核心代码
    }

}
```

在 ExceptionAdvice 类上使用@RestControllerAdvice 注解将其标注为全局异常处理类，在该类中利用@ExceptionHandler 注解分别处理不同类型的异常。

4. Spring MVC 配置文件

创建 Spring MVC 配置类 SpringMVCConfig，代码如下。

```
@ComponentScan
({"com.cn.controller","com.cn.resolver","com.cn.interceptor"})
@Configuration
@EnableWebMvc
public class SpringMVCConfig implements WebMvcConfigurer {

    // 开启静态资源处理
    @Override
```

```
    public void configureDefaultServletHandling ( DefaultServlet-
HandlerConfigurer configurer) {
        configurer.enable () ;
    }

    // 配置拦截器
    @Autowired
    MyHandlerInterceptor myHandlerInterceptor;
    @Override
    public void addInterceptors (InterceptorRegistry registry) {
        String[] pathPatterns = {"/employees/**"};
        registry.addInterceptor ( myHandlerInterceptor ) .addPath-
Patterns (pathPatterns) ;
    }

    //跨域配置
    @Override
    public void addCorsMappings (CorsRegistry registry) {
        registry.addMapping ("/**")
            .allowedOriginPatterns ("*")
            .allowedMethods ( "GET", "POST", "PUT", "DELETE",
"OPTIONS")
            .allowedHeaders ("*")
            .allowCredentials (true)
            .maxAge (3600) ;
    }
}
```

在 SpringMVCConfig 类上使用@Configuration 注解将其标识为配置类。使用 @ComponentScan 注解扫描控制器、拦截器和异常解析器所在的包，使用 @EnableWebMvc 注解开启 Spring MVC 框架对注解驱动的支持。此外，在该配置类中通过重写 WebMvcConfigurer 接口的方法启用容器的静态资源处理机制、配置自定义拦截器和 CORS 策略。

10.2.5 应用程序初始化配置

完成 Spring 框架与持久层、业务层和表现层的整合后，创建应用程序配置类 WebAppConfig，代码如下。

```
public class WebAPPConfig extends
    AbstractAnnotationConfigDispatcherServletInitializer {
```

```java
// 创建 Spring 容器
@Override
protected Class<?>[] getRootConfigClasses () {
    return new Class[]{SpringConfig.class};
}

// 创建 Spring MVC 容器
@Override
protected Class<?>[] getServletConfigClasses () {
    return new Class[]{SpringMVCConfig.class};
}

// 指定由 DispatcherServlet 处理的请求路径
@Override
protected String[] getServletMappings () {
    return new String[]{"/"};
}

// 配置编码过滤器
@Override
protected Filter[] getServletFilters () {
    CharacterEncodingFilter characterEncodingFilter = new Cha-
racterEncodingFilter ();
    characterEncodingFilter.setEncoding ("UTF-8");
    characterEncodingFilter.setForceEncoding (true);
    return new Filter[] {characterEncodingFilter};
}
}
```

该配置类继承自 AbstractAnnotationConfigDispatcherServletInitializer，负责 Web 应用程序的初始化。在该类中重写 getRootConfigClasses 方法创建 Spring 容器，重写 getServletConfigClasses 方法创建 Spring MVC 容器，重写 getServlet-Mappings 方法指定 DispatcherServlet 所处理的请求路径。此外，配置编码过滤器防止中文乱码。

10.2.6　项目后端接口测试

将项目部署至 Tomcat 服务器后，对后端接口进行测试。在 Postman 中依据接口地址、请求参数和请求方式发起请求并接收响应。查询 id 为 1 的员工的信息，测试方式如图 10-1 所示。

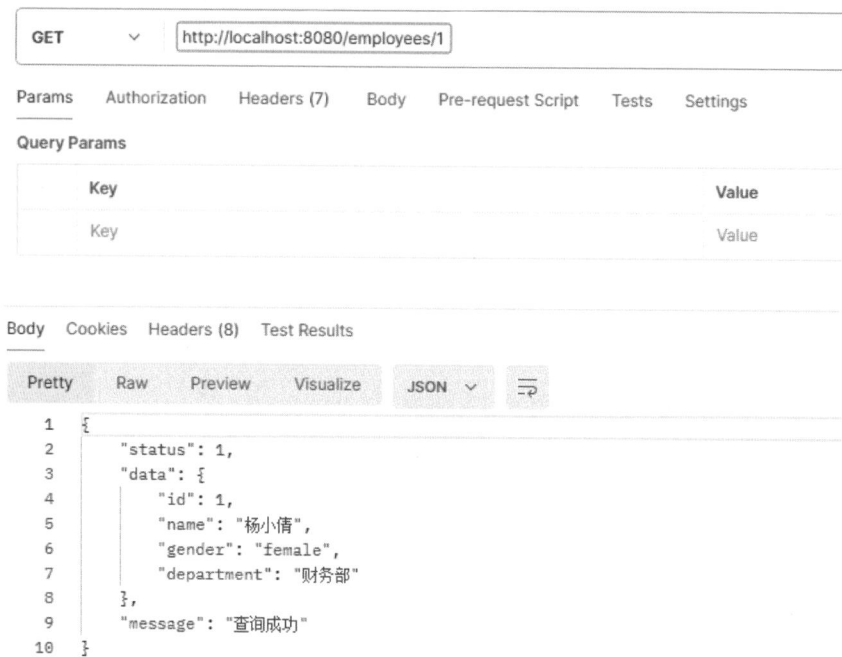

图 10-1　后端接口测试

项目中其他后台接口的测试流程与此类似，这里不再赘述。

10.3　本章总结

本章首先深入介绍了 Root WebApplicationContext 和 Servlet WebApplication-Context 两个容器的父子关系及创建顺序。随后，通过实际案例详细讲解了 Spring 框架对持久层、业务层和表现层的整合。为了确保整合的准确性，在每个阶段都进行了相应的测试。最后，通过应用程序的初始化配置，成功将 SSM 三大框架整合在一起。

在前面的章节中，我们对 Spring 6 核心技术进行了全面的介绍。随着人工智能技术的迅猛发展，Spring 推出 Spring AI 子项目将 AI 能力集成到应用程序中。作为 Spring 家族的新成员，Spring AI 充分依托 Spring 的模块化设计，提供了一系列大模型交互工具。接下来，我们将脚踏 Spring 的技术基石，叩响 Spring AI 的大门。

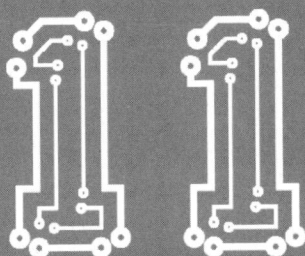

第 11 章

CHAPTER 11

大模型技术概览

随着人工智能技术的快速发展，大模型已成为 AI 领域的重要研究方向，被广泛应用于生活和工作的各领域。本章将系统地介绍大模型的基础知识，包括基本概念、发展历程、核心技术、构建与部署方法，以及应用场景。

11.1　大模型发展历程

大模型的起源最早可以追溯到人工智能发展的初期。1956 年，达特茅斯会议首次提出了"人工智能"（Artificial Intelligence，AI）的概念，标志着人工智能作为独立学科诞生。1980 年，卷积神经网络的理论首次被提出，为深度学习的发展奠定了技术基础。1998 年，LeNet-5 的问世标志着深度学习在图像识别领域的初步应用。在这一阶段，模型结构相对简单，参数规模较小，主要用于字符识别和语音识别等特定任务。

随着计算能力的不断提升，深度卷积神经网络和循环神经网络相继问世，并在图像识别与自然语言处理等领域取得了显著进展。2006 年，杰弗里·辛顿等人提出了深度信念网络，标志着深度学习研究进入了一个新的阶段。2013 年，Word2Vec 模型引入词向量的概念，推动了自然语言处理领域的技术变革。2017 年，谷歌发布了基于自注意力机制的 Transformer 架构，为大型预训练模型的发展奠定了坚实基础。2018 年，OpenAI 发布了 GPT-1，标志着预训练大模型在自然语言处理领域的迅速崛起。在此阶段，大模型技术发展迅猛，参数规模呈指数级增长，性能显著提升，并被广泛应用于机器翻译、文本生成等任务。2020 年，OpenAI 推出了 GPT-3，参数达到 1750 亿个，成为当时最大的语言模型。2022 年，GPT-3.5 发布，展现了卓越的自然语言交互能力和内容生成能力。2023 年，GPT-4 发布，这一超大规模多模态模型在图像与文本的多模态理解和多类型内容生成方面取得了突破，进一步拓展了模型的应用边界。

与此同时，百度、阿里、腾讯、深度求索等国内科技巨头加速布局大模型领域，推出文心一言、通义千问、DeepSeek 等自主研发的大模型产品，推动了国产大模型技术的创新和产业生态的发展。随着参数规模的持续扩张和计算资源的不断提升，大模型技术正逐步推动传统行业的智能化升级和数字化转型。

11.2　大模型的特点

大模型具有庞大的参数规模、深层的网络架构、卓越的泛化能力、高效的迁移能力、多任务处理能力和高计算资源需求等显著特征。

（1）庞大的参数规模。大模型的参数量通常以亿为单位，甚至可达到数千亿以上。庞大的参数规模使模型能够捕捉复杂的数据模式和语言结构，从而显著提升其表达能力和预测精度。

（2）深层的网络架构。大模型通常由数十到数百个神经网络层构成，在 Transformer 架构中可达到数百层。

（3）卓越的泛化能力。在多样化数据集的训练下，大模型展现出极强的泛化能力。即使面对从未见过的新数据或任务，大模型也能够基于已有的知识快速做出准确判断。

（4）高效的迁移能力。得益于庞大的参数规模和深度架构，大模型能够将某个领域中学到的知识高效地迁移到其他领域。通过少量微调，模型可以快速适应新任务，无须从头开始训练，显著减少了开发和训练的时间，降低了成本。

（5）多任务处理能力。大模型能够同时执行语言理解、代码生成和图像生成等任务。此外，部分大模型还支持多模态任务处理，例如结合图像和文本进行联合分析。

（6）高计算资源需求。大模型的训练和推理需要较高的计算资源，包括高性能的 GPU 或 TPU 集群、大规模存储系统，以及较强的数据传输能力。

11.3　大模型分类

大模型可以根据不同的维度进行分类，以下介绍大模型的主要分类。

11.3.1　按应用领域分类

根据应用领域，大模型可分为自然语言处理大模型、计算机视觉大模型和多模态大模型。

1. 自然语言处理大模型

自然语言处理大模型专注于处理和理解自然语言文本，涵盖文本分类、情感分析、机器翻译、问答系统等领域。常见的模型包括 BERT、GPT 系列、RoBERTa 和 ALBERT 等。

2. 计算机视觉大模型

计算机视觉大模型专注于图像、视频等视觉数据的处理和分析，涵盖图像识别、目标检测、图像分割和图像生成等任务。此类模型通常采用卷积神经网络及其变种，或基于 Transformer 架构提取图像特征。

3. 多模态大模型

多模态大模型能够同时处理文本、图像、音频等多种类型的数据，实现跨模态的信息表示、理解与交互。此类模型在智能交互领域展现出了较强的适应性。

11.3.2 按训练方式分类

根据训练方式，大模型可分为监督学习大模型、无监督学习大模型、自监督学习大模型和强化学习大模型。

1. 监督学习大模型

监督学习大模型在带标注的数据集上进行训练，通过最小化模型预测值与真实值之间的差异来优化参数。此类模型适用于需要精确预测与分类的任务，如图像分类、文本分类和实体识别等。

2. 无监督学习大模型

无监督学习大模型在无标注的数据集上进行训练，通过捕捉数据的结构和特征学习数据表示。此类模型适用于标注成本高昂或难以获取标注数据的场景，如降维与特征提取任务。

3. 自监督学习大模型

自监督学习大模型将数据本身的信息作为监督信号，例如预测文本中的下一个单词或恢复被遮挡的图像区域。此类模型在无标注数据上学习通用的特征表示，提升泛化能力。

4. 强化学习大模型

强化学习大模型结合了深度学习的表征学习能力和强化学习的决策优化能力，通过智能体与环境的持续交互，不断优化策略以实现奖励最大化。

11.3.3 按功能特性分类

根据功能特性，大模型可分为生成式大模型、分析式大模型和交互式大模型。

1. 生成式大模型

生成式大模型能够生成文本、图像等内容。此类模型通常用于文本生成、图像生成、音频生成等领域。

2. 分析式大模型

分析式大模型专注于对输入数据的深入分析与理解，提取关键信息和特征。此类模型适用于文本分类、情感分析、图像识别等任务。

3. 交互式大模型

交互式大模型通过与用户进行对话与交互，理解用户意图并提供反馈。此类模型通常用于聊天机器人、智能助手和语音助手等领域。

11.4　大模型发展现状

近年来，大模型在自然语言处理、计算机视觉和语音识别等领域得到了广泛应用。在自然语言处理领域，基于 Transformer 架构的大规模预训练模型在文本分类、情感分析和机器翻译等任务中取得了显著突破。例如，GPT 系列模型能够生成逻辑严谨的文本，为自然语言生成任务提供了革命性解决方案。在计算机视觉领域，大模型通过大规模预训练学习图像特征表示，在图像识别、目标检测、图像分割等任务中表现出卓越的性能。同时，大模型逐步与电力、零售、出版等传统行业深度融合，加速了这些行业的数字化转型。然而，大模型在技术层面仍存在可解释性和透明度不足的问题，这限制了其在医疗、法律等场景中的应用。

11.5　大模型基础知识

大模型的核心技术包括机器学习、深度学习、神经网络架构、模型训练与优化算法，以及近年来在自然语言处理领域表现突出的 Transformer 模型。

11.5.1　机器学习

机器学习的概念由 Arthur Samuel 于 1959 年提出，他将其定义为"无须明确编程即可使计算机具备学习能力的研究领域"。机器学习融合了统计学、概率论、逼近论、凸优化和算法复杂度理论等多学科知识，主要研究如何通过计算机模拟人类学习过程，获取新知识或技能，并优化和重组已有的知识体系。

早期的机器学习主要依赖统计学方法和简单的数学模型，如逻辑回归、线性回归和决策树。线性回归用于预测连续变量，逻辑回归适合处理二分类问题，决策树用于分类和回归任务。虽然这些方法在当时能解决部分基础问题，但受限于计算能力和数据规模，其模型性能和应用场景有限。

11.5.2　深度学习

深度学习的起源可以追溯到 20 世纪 40 年代人们对人工神经网络的探索。1943

年，McCulloch 和 Pitts 提出了最早的神经元模型，为后续研究奠定了理论基础。作为机器学习的重要分支，深度学习通过构建深层神经网络，实现了高效的特征提取和模式识别。近年来，深度学习在图像识别、语音识别和自然语言处理等领域取得了显著进展，成为机器学习领域的研究热点，推动了人工智能技术的快速发展。

11.5.3   神经网络

神经网络是一种模拟人脑神经元结构和功能的计算模型。神经网络由输入层、输出层和隐藏层构成，每层由多个神经元（或节点）组成。神经元接收来自前一层的输入信号，经过加权求和和激活函数处理后生成输出信号，再传递至下一层。典型的神经网络结构如图 11-1 所示。

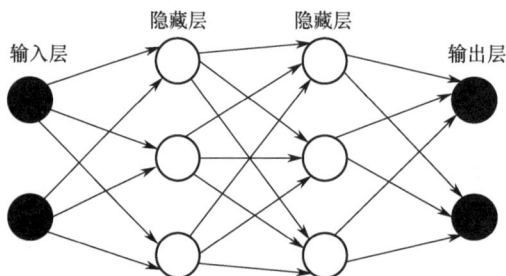

图 11-1   典型的神经网络结构

图中的圆圈代表神经元，箭头表示数据在网络中的前向传播路径。左侧为输入层，负责接收输入数据；中间的隐藏层由多个相互连接的节点组成，用于处理和提取特征；右侧为输出层，用于生成最终结果，例如分类或回归值。

神经网络的核心技术包括激活函数、反向传播机制和梯度下降及其优化。

1. 激活函数

激活函数将神经元的输入映射为输出，并引入非线性元素，使神经网络能够表达复杂的非线性关系。常见的激活函数包括以下几种。

Sigmoid 函数将任意输入压缩到（0,1）区间，其输出常被解释为概率值。该函数常用于早期神经网络训练和二分类任务。然而，当输入值较大或较小时，Sigmoid 的导数会接近零，容易引发梯度消失问题，导致反向传播时权重更新缓慢，甚至阻碍网络训练。

Tanh 函数将输入映射到（−1,1）区间，具有零中心特性，使正负输入分别对应正负输出，相较于 Sigmoid，它提升了梯度更新的稳定性和收敛速度。但在极大或极小的输入值下，Tanh 同样面临梯度消失的问题。

ReLU 是近年来被广泛使用的激活函数，在正值区间输出等于输入，在负值区间输出为零。这一特性缓解了梯度消失问题，加速了深度网络的收敛。当输入为负时，神经元输出和梯度均为零，可能导致部分神经元在训练初期失活。为解决 ReLU 的"死神经元"问题，Leaky ReLU 在负值区间引入小的负斜率，确保负输入不会使神经元完全失活。

Softmax 函数通常用于多分类问题的输出层。它通过指数归一化将输出转化为概率分布，确保各类别的概率总和为 1。

2．反向传播机制

反向传播是训练神经网络的经典算法，它通过链式法则计算损失函数对网络参数的梯度。其过程分为四个阶段：前向传播、损失计算、反向传播和参数更新。在前向传播阶段，输入数据逐层通过神经网络，计算每个神经元的加权和及激活函数的输出，由输出层生成预测结果。接着，神经网络根据预测结果与真实标签之间的差异计算损失函数，以评估模型误差。常用的损失函数包括均方误差和交叉熵损失。在反向传播阶段，算法从输出层开始，利用链式法则逐层传递误差信号，计算损失函数对各参数的梯度，识别每个神经元对整体误差的贡献，并为参数调整提供优化方向。最后，结合反向传播计算出的梯度与优化算法，更新网络的权重和偏置。

3．梯度下降及其优化

梯度下降算法是寻找最小化损失函数参数值的优化算法。该算法通过迭代更新参数，沿损失函数的负梯度方向调整参数，从而逐步逼近全局或局部最小值。根据梯度计算和参数更新的方式不同，梯度下降法可分为批量梯度下降、小批量梯度下降和随机梯度下降。批量梯度下降每次使用整个数据集计算梯度，更新精度高，但计算成本较大，适用于小规模数据集。随机梯度下降每次使用单个样本更新参数，计算效率高，但梯度波动较大。小批量梯度下降结合了前两者的优点，平衡了效率与稳定性，被广泛应用于深度学习中。

11.5.4　Transformer 模型

Transformer 模型最早由谷歌大脑团队在 2017 年的论文 "Attention Is All You Need" 中提出。与传统的循环神经网络不同，Transformer 摒弃了递归和循环操作，采用了全新的编码器-解码器架构。这一创新显著提升了自然语言处理任务的性能，为后续大模型的发展奠定了坚实的技术基础。2018 年，谷歌推出基于 Transformer 的 BERT 模型，成为自然语言处理领域的重要突破。BERT 使用大规模无监督文本数据进行预训练，在自然语言处理任务中的表现远超同期其他大模型。2019 年，OpenAI 发布 GPT-2 模型，将 Transformer 应用于自然语言生成任务。

1．Transformer 自注意力机制

通过引入多头自注意力机制和位置编码，Transformer 能够同时关注序列中的多个位置，大幅提升模型对长距离依赖关系的捕捉能力。具体而言，输入序列中的每个元素首先通过嵌入层转化为高维向量，并添加位置编码引入位置信息。这些嵌入向量经过线性变换生成 Query、Key 和 Value 三个矩阵，其中 Query 表示当前元素关注的内容，Key 用于与 Query 匹配以计算位置间的相关性，Value 承载实际信息内容。通过计算 Query 和 Key 的点积并对结果应用 Softmax 函数，模型生成每个位置对其他位置的注意力权重，量化它们的语义关联。然后，利用这些权重对 Value 加权求和，生成每个位置的新表示，捕捉序列中的长距离依赖关系。

2．Transformer 架构

编码器-解码器架构是 Transformer 模型的核心。

编码器由多个层组成，每层包含多头自注意力机制和前馈全连接网络。多头自注意力机制使模型能够并行处理输入序列中的不同位置，从而捕捉长距离依赖关系。通过非线性变换，前馈全连接网络对特征进行了进一步提炼，使模型的表达能力得到提升。为缓解梯度消失问题并提升训练效率，在每个子层后配备残差连接和层归一化，确保信息的高效传播并稳定网络训练过程。

解码器的结构与编码器类似，但增加了编码器-解码器注意力层和带掩码的自注意力层。编码器-解码器注意力层通过计算解码器当前位置与编码器输出的相关性，使解码器生成每个词汇时都能专注于输入序列中最相关的部分。带掩码的自注意力层则通过掩码机制屏蔽当前时间步之后的序列，确保解码器在每次生成时仅依赖已生成的部分，维持解码器的自回归特性。

3．Transformer 应用场景

Transformer 模型的应用场景已经扩展到多个领域，包括自然语言处理、语音识别、计算机视觉和强化学习等。

在自然语言处理领域，在文本分类、机器翻译、命名实体识别和情感分析等

任务中，Transformer 模型得到了广泛应用。在语音识别领域，Transformer 模型可以用于语音合成、人语识别和声纹识别等任务。通过处理音频序列数据，Transformer 模型能够提取音频中的有效特征，并将其转换为文本形式。在计算机视觉领域，视觉 Transformer 被广泛应用于图像分类、生成、描述及目标检测等任务。此外，Transformer 模型还在强化学习领域用于策略学习和值函数近似。

11.6　大模型的构建与部署

大模型的研发是一个复杂的过程，涉及数据采集、数据清洗、数据预处理、数据标注、数据划分、模型设计、模型初始化、模型训练、模型验证、模型保存及模型部署等环节。

11.6.1　数据采集

数据采集涵盖多种数据来源，包括公开数据集、内部数据和网络爬虫采集等。公开数据集覆盖的领域广泛，通常由学术机构、政府或大型企业发布。内部数据与业务需求契合度较高，更能满足特定场景的应用需求。网络爬虫适用于实时数据采集，但需要特别关注数据版权。在数据采集和使用过程中，必须严格遵守相关法律法规和隐私政策，确保数据的合规性和安全性。

11.6.2　数据清洗

原始数据常常存在缺失值、重复值、异常值、数据格式不一致，以及数据质量不均匀等问题。在处理缺失值时，应根据数据特性选择合适的填充策略。例如，数值型数据可以使用均值、中位数或众数来填充，分类数据则可以使用众数来填充。为了确保数据一致性，应删除完全相同的记录。对于异常值，可以采用数据平滑技术，通过邻近数据的平均值或中位数来降低异常值的影响。

11.6.3　数据预处理

在数据预处理阶段，通常进行数据的规范化、标准化和归一化处理。规范化将数据缩放到指定范围，消除特征间的量纲差异。标准化让数据具有单位方差和零均值，消除数值范围的差异。归一化将数据统一缩放到特定的尺度，确保特征间具有可比性。

11.6.4　数据标注

完成原始数据的清洗与预处理后，进入数据标注阶段。数据标注通过为原始数据添加标签，便于模型更好地识别和学习数据中的模式与特征。

数据标注包括自动标注和人工标注两种方法。人工标注通常由专业团队根据项目需求和标注标准实施。虽然这种方法耗时较长，但能提供更为准确和精细的标注结果，适用于对标注质量要求较高的场景。自动标注通过机器学习算法或自动化工具对数据进行标注，具备高效处理大量数据的能力。为了提高标注效率和准确性，通常采用人工标注与自动标注相结合的策略。例如，先使用自动标注工具对数据进行初步标注，再由人工团队进行复核与修正。

11.6.5　数据划分

完成数据标注后，数据被分成训练集、验证集和测试集三部分。其中，训练集用于学习样本特征与规律；验证集用于调整模型的超参数和配置，防止过拟合；测试集完全独立于训练集和验证集，用于评估和验证模型性能。测试集的数据分布应尽可能接近实际应用场景，以确保评估结果的准确性与可靠性。

11.6.6　模型设计

模型设计是模型构建过程中的核心步骤，对模型的结构和性能具有决定性影响。在该阶段，首先根据任务类型和数据特征选择合适的算法和模型架构。对于监督学习任务，常见的模型包括决策树、支持向量机和逻辑回归。对于分类任务，通常采用决策树、K 近邻、神经网络等模型。对于回归任务，则可以选择线性回归、支持向量回归等方法。对于无监督学习任务，通常使用聚类算法或降维方法。

在设计模型时，除了选择适当的算法和架构，还需要考虑模型的复杂度、计算效率及可扩展性。尤其是在处理大规模数据集时，计算复杂度和内存消耗成为模型性能的制约因素。

11.6.7　模型初始化

在模型训练之前，首先需要对模型参数进行初始化。在深度学习领域，Xavier 初始化和 He 初始化是两种常用的初始化策略。Xavier 初始化适用于激活函数为 Sigmoid 或 Tanh 的神经网络，它根据输入和输出的维度初始化权重保持梯度稳定，缓解梯度消失问题。He 初始化更适用于 ReLU 及其变体作为激活函数的神经网络，它采用较大的权重初始化幅度，以适应 ReLU 函数的非线性特性，在避免梯度消失的同时加速模型收敛。

11.6.8　模型训练

完成模型初始化后，使用训练集进行正式训练。在训练过程中，通过损失函数量化预测值与真实值的差异，常用的损失函数包括均方误差和交叉熵损失。模型通过优化算法更新权重以最小化损失，常见的优化算法有随机梯度下降、梯度下降和 Adam 优化器。

训练中的关键参数包括学习率、批量大小和训练轮数。学习率会影响权重更新的步长，因此需要平衡以避免梯度爆炸或训练效率低下。批量大小影响模型的泛化能力和计算稳定性，小批量有助于泛化但可能会增加更新波动。训练轮数控制模型的迭代次数，轮数过多可能导致过拟合。为缓解过拟合，可采用正则化和 Dropout 技术。

11.6.9　模型验证

训练结束后，利用验证集检验模型在未见数据上的表现。模型验证主要关注准确率、召回率和 F1 分数等指标。准确率衡量模型预测正确的样本占总样本的比例，是评价模型整体性能的关键指标。召回率用于评估模型正确识别正样本的能力。F1 分数作为准确率和召回率的调和平均数，适用于处理不平衡数据集。

11.6.10　模型保存

模型训练完成后，通常需要以特定格式存储模型的权重、结构、优化器状态及训练配置等信息。在选择模型保存格式时，应综合考虑应用场景和跨平台兼容性。例如，对于 TensorFlow 训练的模型，建议使用 HDF5 格式或 SavedModel 格式。如果模型需要在多个框架或平台间迁移，那么建议使用 ONNX 格式来确保跨平台兼容性。

11.6.11　模型部署

在模型部署阶段，将训练完成的模型从开发环境迁移到生产环境。常见的部署平台分为云服务平台和本地服务器两大类。在选择部署平台时，应综合考虑应用需求、技术架构以及资源预算等因素。

　　云服务平台，如 AWS、Azure、Google Cloud、阿里云、百度云、腾讯云等已成为当前主流的部署选择。平台按需分配计算资源，并支持自动扩展和负载均衡。云平台具备高效的分布式计算和数据存储能力，能够高效处理大规模数据并支持高并发请求。相比之下，本地服务器的部署方式适用于对数据安全性和隐私保护有较高要求的应用场景。本地部署能够为企业提供对硬件和数据的完全控制权，但在资源扩展的灵活性和便捷性方面可能稍逊于云平台。

11.7　大模型 API 服务

　　目前，越来越多的服务提供商采用 API 的形式对外开放大模型能力。开发者无须深入了解模型的内部结构或算法原理，只需通过简单的 API 调用即可获得推理结果。大模型厂商的开发文档为开发者提供了详尽的操作指南，涵盖接口地址、调用参数、请求方式及结果解析等信息。例如，Spring 官方推出的 Spring AI 框架，全面支持 OpenAI、Microsoft、Amazon、Google、深度求索、阿里巴巴等公司的 API 服务。借助 Spring AI 提供的 AI 组件和 API，开发者可以轻松地将 AI 功能集成到应用程序中。

11.8　本章总结

　　本章系统介绍了大模型技术的基础知识。首先，回顾了大模型的发展历程，从早期的人工智能概念提出到如今超大规模多模态模型的应用。接着，介绍了大模型的特点，并按应用领域、训练方式和功能特性对大模型进行了分类。最后，探讨了机器学习、深度学习、神经网络及 Transformer 模型等核心技术，以及大模型的构建与部署流程。

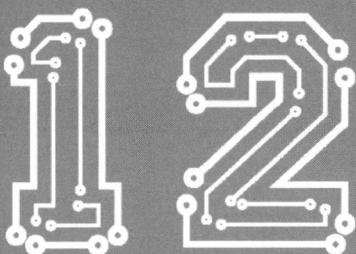

12

Spring AI 开发入门

Spring AI 是 Spring 框架的全新子项目，专注于简化 AI 应用的集成与开发流程。Spring AI 通过优化接入流程、支持多样化的 AI 模型，以及提供灵活的配置选项，帮助 Java 开发者将 AI 技术融入 Spring 应用程序。

12.1　Spring AI 概述

近年来，人工智能迅猛发展，但 Java 语言在 AI 领域的应用相对滞后，缺乏一套成熟且易于使用的框架支持 AI 开发。为了填补 Java 在 AI 领域的空白，Spring 团队推出了 Spring AI 项目。2024 年，Spring AI 集成至 Spring Initializr，极大地降低了 Java 应用程序接入大模型的学习成本。2024 年 2 月，Spring AI 发布了首个里程碑版本 0.8.0。同年 4 月，Spring AI1.0.0-SNAPSHOT 版本正式面世，标志着该项目正式开始支持全面的 API 和功能。

Spring AI 在设计理念上借鉴了 LangChain 和 LlamaIndex 等知名 Python 项目，但它并非对这些项目的直接复制或移植。Spring AI 秉持开放的理念，倡导生成式 AI 应用的开发不应局限于 Python 开发者群体，而应跨越语言界限，面向更广泛的开发者生态。

Spring AI 功能丰富，支持多模态生成式 AI、跨平台 API 和矢量数据库，提供了全面的 AI 集成解决方案。Spring AI 的主要功能如下。

- 支持主流的模型提供商，例如 OpenAI、深度求索、Microsoft、Amazon、Google 和 Hugging Face 等。
- 支持多模态生成式 AI，包括聊天模型、文生图模型、翻译模型、转录模型和嵌入模型，未来还将支持更多的类型。
- 为 Chat 和 Embedding models 提供跨 AI 厂商的可移植 API，同时支持同步和流式 API 选项。
- 支持将 AI 模型的输出映射到 POJO。
- 兼容多种矢量数据库，包括 Chroma、Azure Vector Search、Neo4j、Milvus、PineCone、PostgreSQL/PGVector、Redis、Qdrant 和 eaviate 等。
- 提供矢量存储 API。
- 支持函数调用功能。
- 支持检索增强生成。
- 为 AI 模型和矢量存储提供 Spring Boot 自动配置和启动器。
- 提供用于数据工程的 ETL（Extract、Transform、Load）框架。

Spring AI 适用于多种场景，无论是升级现有应用、快速构建原型，还是跨平台部署 AI 功能，Spring AI 都能提供全方位的支持。

12.2　Spring AI 核心概念

在利用 Spring AI 进行项目开发之前，开发者应熟悉一系列基本概念。这些概念包括 AI 模型、提示词、嵌入、词元、数据引入、结构化输出和检索增强等。通过学习这些基本概念，有助于开发者全面理解 Spring AI 的开发流程和使用方法。

12.2.1　模型

AI 模型种类繁多，每种模型针对不同的任务需求进行了优化。例如，Midjourney 和 Stable Diffusion 是专门用于从文本生成图像的模型，而 ChatGPT 擅长处理文本交互。预训练是 AI 模型的重要特征，基于预训练模型构建基础框架，可通过微调适应特定场景需求。这种方法不仅大幅缩短了从头训练模型的时间和资源消耗，还增强了模型的性能与泛化能力。

目前，Spring AI 支持处理语言、图像和音频等多种输入与输出格式。此外，Spring AI 还提供对 Embedding 的支持，以实现更高级的用例，如多模态交互和跨领域应用。

12.2.2　提示词

提示词（Prompt）是用户向模型提供的输入信息，用于指导模型生成特定输出或执行特定任务。提示词形式多样，包括关键词、引导词、上下文、问题及指令列表等。

编写高效的提示词既是一门科学，也是一门艺术。其艺术性体现在如何巧妙地设计提示词，以激发模型的最佳表现；科学性则要求设计者准确理解模型的运作机制，并运用专业知识优化提示词。目前，提示词工程已发展为一个独立的研究领域。

12.2.3　嵌入

嵌入（Embeddings）用于将离散的、非结构化数据转换为连续向量。在自然语言处理领域，语义上相似的词在向量空间中彼此接近。例如，Word2Vec 模型中"king"和"queen"的向量表示相近。在 RAG 中，Embeddings 通过将外部文档转换为向量捕捉文本的语义信息。

对于应用层的 Java 开发工程师而言，无须深入理解这些向量表示背后的复杂数学理论或具体实现，只需掌握相关的基本理论即可。

12.2.4 词元

词元（Token）表示文本中的独立且有意义的单元，例如单词、短语、子词等文本元素。在处理用户输入时，大模型首先进行 Token 化，将原始文本转换为模型可处理的 Token 序列。对于英语这种具有清晰单词边界的语言，Token 通常直接对应单词或标点符号。Token 化并非简单的一对一映射，某些复杂词汇或特殊结构的单词可能被拆分为多个 Token。例如，莎士比亚全集包含约 90 万个单词，但被转化为多达 120 万个 Token。

Token 的使用量与成本直接相关。无论是发送给模型的输入信息，还是模型生成的输出信息，都会被分解为若干 Token，每个 Token 都会产生相应的费用。由于计算资源和模型设计的限制，大模型通常会限制输入 Token 的最大长度。超出该长度的文本需要被截断或分割为多部分进行处理。例如，使用 GPT-4 总结莎士比亚的作品时，需要设计软件工程策略切分数据，并在模型的上下文窗口限制内呈现。Spring AI 提供工具和策略，帮助开发人员简化这一过程。

12.2.5 结构化输出

通常情况下，大模型的输出是简单的字符串。即使请求以 JSON 格式返回，实际返回的也是字符串形式的 JSON，而非真正的 JSON 数据结构。Spring AI 使用结构化输出转换器将字符串转换为 JSON、XML 或 Java 类等数据类型。

Spring AI 提供了多种输出转换器的实现，包括 AbstractMessageOutput-Converter、AbstractConversionServiceOutputConverter、MapOutputConverter、BeanOutputConverter 和 ListOutputConverter 等。

12.2.6 数据引入

由于知识截止日期固定，大模型在处理时效性强的信息时存在局限性。为此，Spring AI 提供多种方法将用户数据和 API 集成到 AI 模型中，使其能够基于最新信息或外部系统数据进行响应。

1. 微调

微调（Fine-Tuning）指利用垂直领域的数据对已经预训练好的模型进行进一

步训练，以优化其在特定任务上的表现。对于 ChatGPT 等大模型而言，微调不仅耗费大量的计算资源，而且难度较高。此外，部分模型出于设计限制或商业决策，并不提供微调选项。因此，在实际应用中，微调并非常规手段。

2. 提示填充

提示填充（Prompt Stuffing）用于将自定义数据整合到输入提示中。Spring AI 采用检索增强生成技术支持提示填充。以智能客服系统为例，开发者可以借助 Spring AI 的工具，将客户的历史对话记录整合到模型中，提高对话的连贯性和准确性。

关于检索增强生成的更多细节将在后续章节中详细介绍。

3. 函数调用

函数调用（Function Calling）是一种模型与外部系统交互的机制。通过自定义函数，开发者可以将外部数据源或 API 与模型连接，实现数据的即时获取与处理。Spring AI 大幅简化了函数调用的编码工作，自动处理发送请求、执行函数和获取结果的完整流程。例如，在金融咨询应用程序中，开发人员可以创建函数，获取股票的最新价格并将其整合到大模型的回复中。

关于函数调用的更多细节，将在后续章节中详细介绍。

12.2.7　检索增强生成

检索增强生成（Retrieval Augmented Generation，RAG）结合了检索与生成的优势，借助外部数据源弥补大模型自身知识的局限，提高生成内容的准确性和相关性，减少大模型的"幻觉"。

检索增强生成的工作流程主要包括以下步骤。首先，使用 ETL 管道从非结构化数据源（如文档、网页、数据库等）中提取数据，并将其转换为最适合大模型处理的格式。随后，将大文档分割为较小片段，满足大模型的上下文窗口限制。分割时需要确保每个片段在语义上是独立的，以便后续检索和生成。然后，使用嵌入模型将文本片段转换为向量形式，并存储在向量数据库中。当用户提交查询时，系统解析请求理解用户意图，并在向量数据库中使用相似性搜索检索最相关的数据片段。最后，大模型将检索到的数据片段作为上下文输入，并基于内部知识和外部数据源信息生成最终响应。

关于检索增强生成的更多细节，将在后续章节中详细介绍。

12.2.8　响应评估

响应评估是保障大模型输出准确性的重要手段。该过程主要涉及以下几个方面。首先，通过分析用户输入的内容，验证响应是否准确捕捉了用户的意图，并且在逻辑上与上下文保持一致。例如，如果用户询问"如何煮咖啡"，那么响应应提供具体的步骤，而不是介绍咖啡的历史。其次，将用户的请求与大模型的响应重新输入评估模型或验证机制中，检验响应是否与提供的数据一致，以便发现模型输出中的潜在偏差或错误。最后，通过检索向量数据库中存储的语义信息，并将其作为补充数据来辅助验证大模型响应与用户请求的相关性。

12.3　Spring AI 入门案例

在掌握了 Spring AI 基础知识后，接下来通过入门案例正式进入 Spring AI 开发实践部分。本案例主要介绍利用 Spring AI 集成 OpenAI 并实现对话功能。

12.3.1　创建项目

使用 Spring Initializr 创建项目，如图 12-1 所示。

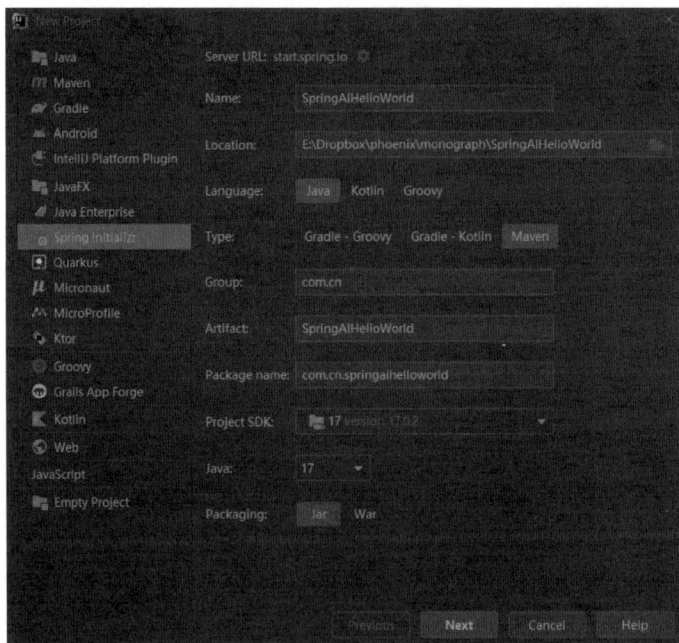

图 12-1　创建项目

添加 Spring Web 依赖和 OpenAI 依赖，如图 12-2 所示。

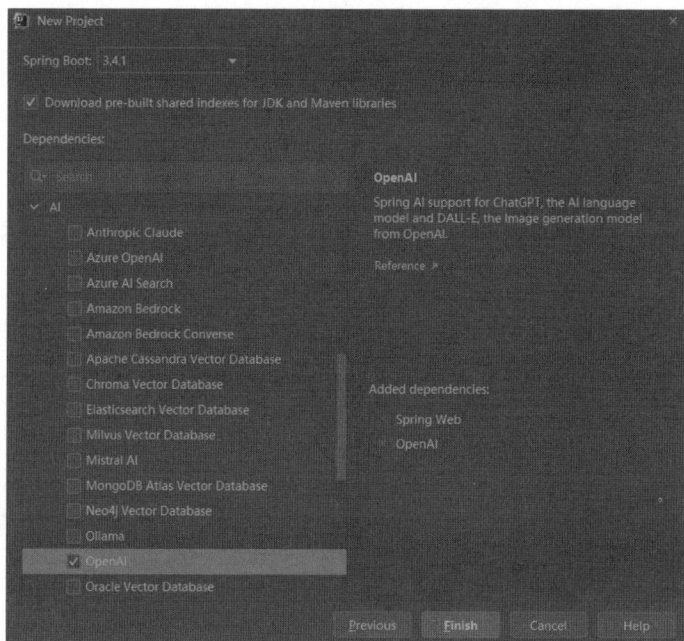

图 12-2　添加依赖

项目创建完毕，如图 12-3 所示。

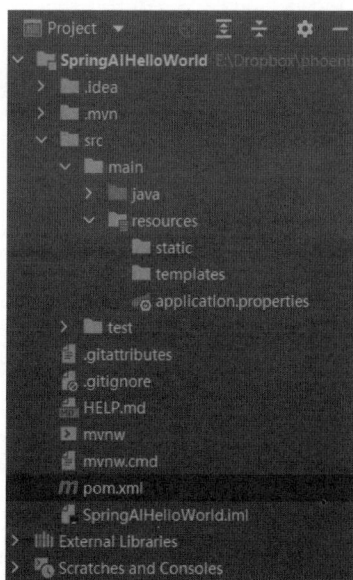

图 12-3　项目创建完毕

12.3.2　配置 API key

在项目配置文件 application.properties 中配置 OpenAI 的 API 地址和密钥，代码如下。

```
spring.application.name=SpringAIHelloWorld
spring.ai.openai.base-url=https://api.openai.com
spring.ai.openai.api-key=Your api key
```

12.3.3　编写控制器

创建控制器并利用 ChatClient 通过链式调用实现对话功能，代码如下。

```
@RestController
@RequestMapping ("/hwc")
public class HelloWorldController {
    private final ChatClient chatClient;
    public HelloWorldController (ChatClient.Builder chatClientBuilder){
        this.chatClient = chatClientBuilder.build ();
    }
    @GetMapping ("/chat")
    public String sayHi (){
        String ask = "Who are you?";
        String answer = chatClient.prompt () .user (ask) .call
() .content ();
        return answer;
    }
}
```

当用户访问/hwc/chat 路径时，ChatClient 响应请求并将应答结果返回至客户端，内容如下。

```
I am Assistant, an AI designed to help answer questions and
provide information on a wide range of topics. How can I assist you
today?
```

12.3.4　案例小结

本入门案例展示了通过 Spring AI 快速集成 OpenAI 以实现简单的对话的方

法。关于 Spring AI 的更多功能和技术细节，将在后续章节中详细介绍。

12.4　本章总结

　　本章详细介绍了 Spring AI 的背景、主要功能、核心概念、适用场景及入门实践案例。首先，概述了 Spring AI 的背景与核心功能。接着，讲解了 AI 模型、提示词、嵌入、词元、结构化输出等基本概念。此外，介绍了数据引入、微调、提示填充等高级功能，以及检索增强生成技术和响应评估方法。最后，通过入门案例展示了利用 Spring AI 快速集成 OpenAI 的方法，帮助开发者快速上手大模型的集成与应用。

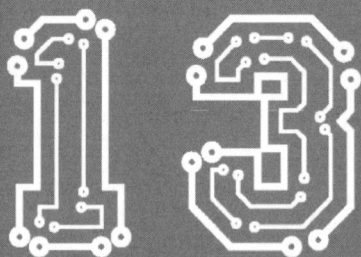

13

第 13 章
CHAPTER 13

Spring AI 核心技术

Spring AI 提供统一的接口，实现与大模型、图像生成模型、语音合成与识别模型等模型的交互。通过 Spring AI，开发者可以轻松地实现文本生成、对话系统、图像生成、语音处理等功能，而无须深入了解底层模型的实现细节。本章将深入探讨 Spring AI 的核心技术，帮助开发者全面掌握 Spring AI 的应用与实践。

13.1　ChatModel

ChatModel 是 Spring AI 与大模型交互的核心接口。该接口定义了与大模型交互的标准方法，包括发送请求、接收响应、支持流式响应和多轮对话等高级功能。ChatModel 专注于与模型的直接通信，通常不涉及复杂的业务逻辑。通过 ChatModel，开发者可以轻松集成不同的大模型，并实现文本生成、问答、对话等功能。ChatModel 接口常用方法如表 13-1 所示。

表 13-1　ChatModel 接口常用方法

方　　　法	作　　　用
call（String message）	以字符串的形式发送用户请求
call（Prompt prompt）	以 Prompt 的形式发送用户请求
stream（Prompt prompt）	以流的形式发送用户请求
getDefaultOptions（）	获取 Chat Model 的默认配置选项

在此，以 ChatModel 接口的常用实现类 OpenAiChatModel 为例，介绍 Chat-Model 的具体用法，示例代码如下。

```
@RestController
@RequestMapping ("/cmc")
public class ChatModelController {
    @Autowired
    private OpenAiChatModel openAiChatModel;

    @GetMapping ("/chat1")
    public String chat1 (@RequestParam (value = "message",default-
Value = "请给我讲个故事") String userMessage){
        String content = openAiChatModel.call (userMessage);
        return content;
    }

    @GetMapping ("/chat2")
    public String chat2 (@RequestParam (value = "message",default-
Value = "请给我讲个故事") String userMessage){
        Prompt prompt = new Prompt (userMessage);
        ChatResponse chatResponse = openAiChatModel.call (prompt);
        String  content  =  chatResponse.getResult ( ) .getOutput
```

```
().getContent();
        return content;
    }
}
```

在类中，通过@Autowired 注解注入 OpenAiChatModel 实例。首先，在 chat1 方法中通过 OpenAiChatModel 的 call（String message）方法生成响应。这种实现方式简单直接，适合快速调用模型生成响应，但无法自定义请求的上下文或配置选项，也无法处理多轮对话的复杂情况。然后，在 chat2 方法中通过 OpenAiChatModel 的 call（Prompt prompt）方法生成响应。Prompt 对象封装了用户输入、上下文信息及配置选项，支持更复杂的请求结构。最后，从 ChatResponse 中提取并返回生成的文本内容。这种实现方式不仅支持多轮对话和上下文信息，还可以通过 Prompt 添加系统提示或配置选项。

13.2 ChatClient

ChatClient 是对 ChatModel 的更高层次的抽象和封装，支持同步和流式编程模型。除了负责与大模型的通信，ChatClient 还可以维护对话上下文、支持多轮对话、实现流式响应，以及执行错误重试。这简化了业务逻辑的实现过程，帮助开发者高效地构建智能对话系统。类似地，可以使用 ChatClient 接入 OpenAI 大模型，示例代码如下。

```java
@RestController
@RequestMapping("/ccc")
public class ChatClientController {

    private final ChatClient chatClient;

    public ChatClientController(ChatClient.Builder chatClientBuilder){
        this.chatClient = chatClientBuilder.build();
    }

    @GetMapping("/chat1")
    public String chat1(@RequestParam(value = "message",default-
Value = "请给我讲个故事") String userMessage){
        String content = chatClient.prompt().user(userMessage).
call().content();
        return content;
```

```
        }
    }
```

在 ChatClientController 类中，通过构造函数注入 ChatClient.Builder，并使用其 build 方法创建 ChatClient 实例。在 chat1 方法中，通过链式调用生成响应并返回结果。其中，prompt 方法创建 Prompt 对象，user 方法将用户消息添加到提示中，call 方法调用模型生成响应，content 方法提取生成的文本内容。

13.3 Prompt Templates

Spring AI 使用提示词模板创建和管理提示词。Prompt Templates 基于文本模板引擎，开发者通过预定义模板和占位符动态生成提示内容，示例代码如下。

```
@RestController
@RequestMapping ("/ptc")
public class PromptTemplateController {
    private final ChatClient chatClient;
    public PromptTemplateController ( ChatClient.Builder  chatClient-
Builder) {
        this.chatClient = chatClientBuilder.build ();
    }

    @GetMapping ("/pt1")
    public String promptTemplate1 (
                            @RequestParam (value = "topic",default-
Value = "工作") String topic,
                            @RequestParam ( value =  "adjective",
default-Value = "喜剧的") String adjective) {
        // 定义 Prompt 模板
        String template = "请你给我讲一个关于{topic}的故事，故事是{adjective}
的。";
        // 创建 PromptTemplate 实例，并传入模板文本
        PromptTemplate promptTemplate = new PromptTemplate (template);
        // 使用 Map 传递参数
        Map<String, Object> parameterMap = new HashMap<> ();
        parameterMap.put ("topic", topic);
        parameterMap.put ("adjective", adjective);
        // 渲染模板
        String renderedPrompt = promptTemplate.render (parameterMap);
        Prompt prompt = new Prompt (renderedPrompt);
```

```
        String content = chatClient.prompt (prompt) .call () .content ();
        return content;
    }
}
```

在 promptTemplate1 方法中，首先定义模板字符串"请你给我讲一个关于 {topic}的故事，故事是{adjective}的。"接着，创建 PromptTemplate 实例并传入模板文本。然后，使用 Map 传递参数替换模板中的占位符。最后，渲染模板生成最终的提示文本。

13.4　ChatOptions

ChatOptions 接口用于设置模型配置，例如模型名称、温度、最大词元数等。在此，以 ChatOptions 接口常用实现类 OpenAiChatOptions 为例介绍 ChatOptions 的具体用法，示例代码如下。

```
@RestController
@RequestMapping ("/coc")
public class ChatOptionsController {
    @Autowired
    private OpenAiChatModel openAiChatModel;
    @GetMapping ("/chat")
    public String chat (@RequestParam (value = "message",defaultValue =
"请给我讲个故事") String userMessage){
        OpenAiChatOptions openAiChatOptions = OpenAiChatOptions.
builder () .build () ;
        openAiChatOptions.setModel ("gpt-4");
        openAiChatOptions.setTemperature (0.5);
        Prompt prompt = new Prompt (userMessage,openAiChatOptions);
        ChatResponse chatResponse = openAiChatModel.call (prompt);
        String content = chatResponse.getResult () .getOutput () .
getContent () ;
        return content;
    }
}
```

在 chat 方法中创建 OpenAiChatOptions 对象，并将模型名称设置为"gpt-4"，温度参数为 0.5。在项目开发过程中，如果代码和配置文件同时配置了 Options，则以代码中的配置为准。

13.5　Message

Message 接口表示对话中的消息，它封装了消息的内容、角色以及元数据。每条消息都被赋予特定的角色，以明确消息在提示词中的上下文和目的。SpringAI 定义了四种消息角色，即系统角色、用户角色、助理角色和工具/功能角色。其中，系统角色常用于在开始对话之前向模型提供指令或上下文信息。用户角色表示用户的输入，包括用户的问题、命令或陈述。助理角色表示模型对用户输入的响应，通常在生成响应时使用。工具/功能角色用于返回与工具调用相关的信息，通常在模型调用外部工具或函数时使用。关于 Message 的具体使用方式，请参见如下示例代码。

```java
@RestController
@RequestMapping ("/mc")
public class MessageController {
    private final ChatClient chatClient;
    public MessageController (ChatClient.Builder chatClientBuilder) {
        this.chatClient = chatClientBuilder.build ();
    }
    @GetMapping ("/message")
    public String chat () {
        // 创建系统消息
        SystemMessage systemMessage = new SystemMessage ("你是一名中学老师。");
        // 创建用户消息
        UserMessage userMessage = new UserMessage ("请你谈谈本学期的教学安排。");
        List<Message> messageList = new ArrayList<> ();
        messageList.add (systemMessage);
        messageList.add (userMessage);
        Prompt prompt = new Prompt (messageList);
        String content = chatClient.prompt (prompt) .call () .content ();
        return content;
    }
}
```

在 chat 方法中，首先创建系统消息并将模型的角色设置为"中学老师"。接着，创建用户消息内容为"请你谈谈本学期的教学安排"。然后，将系统消息和

用户消息添加到消息列表中，并使用该消息列表创建 Prompt 对象。最后，通过
ChatClient 生成响应并返回结果。

13.6 流式对话

　　流式对话以实时、逐步的方式接收大模型的响应。这种方式特别适用于需要
实时、持续数据交互的场景，如在线聊天、实时翻译等。通过流式对话，用户可
以更快地看到部分结果，减少等待时间，示例代码如下。

```
@RestController
@RequestMapping ("/csc1")
public class ChatStreamController1 {
    // 省略非核心代码
    @GetMapping (value = "/chat1",produces = "text/html;charset =
UTF-8")
    public Flux<String> chat1 (@RequestParam (value = "message",
defaultValue = "请给我讲个故事") String userMessage){
        System.out.println (userMessage);
        Flux<String> content = chatClient.prompt ().user (userMessage).
stream ().content ();
        return content;
    }
}
```

　　在 chat1 方法中，通过 ChatClient 的 stream()方法实现流式对话。该方法返
回 Flux<String>类型的异步数据流，实时接收大模型的响应。

13.7 文生图

　　Spring AI 集成了多种图像生成模型，能够根据用户输入的文本生成图像，
示例代码如下。

```
@RestController
@RequestMapping ("/ttic")
public class TextToImageController {
    // 省略非核心代码
    @GetMapping ("/image")
    public String textToImage1 (
            @RequestParam (value = "message",defaultValue = "请画一
```

```
只可爱的小狗") String userMessage) {
        OpenAiImageOptions openAiImageOptions = OpenAiImageOptions.
builder () .build ();
        openAiImageOptions.setModel (OpenAiImageApi.DEFAULT_IMAGE_
MODEL);
        openAiImageOptions.setQuality ("hd");
        openAiImageOptions.setWidth (1024);
        openAiImageOptions.setHeight (1024);
        openAiImageOptions.setN (1);
        ImagePrompt imagePrompt = new ImagePrompt (userMessage,
openAiImageOptions);
        ImageResponse imageResponse = openAiImageModel.call
(imagePrompt);
        String imageUrl = imageResponse.getResult () .getOutput () .
getUrl ();
        return imageUrl;
    }
}
```

在 textToImage1 方法中，首先，通过 OpenAiImageModel 调用 OpenAI 的图像生成模型，将用户输入的文本描述转换为图像。接着，通过 OpenAiImage-Options 设置生成参数，包括模型、质量、尺寸和生成数量。然后，使用 ImagePrompt 封装用户输入和生成选项。最后，调用 OpenAiImageModel 的 call 方法生成图像，并返回图像的 URL。

13.8　文本转语音

Spring AI 集成了多种语音合成模型，开发者只需通过简单的 API 调用即可将文本转换为自然语音，示例代码如下。

```
@RestController
@RequestMapping ("/ttsc")
public class TextToSpeechController {
    @Autowired
    private OpenAiAudioSpeechModel openAiAudioSpeechModel;

    @GetMapping ("/speech")
    public String textToSpeech () {
        OpenAiAudioSpeechOptions openAiAudioSpeechOptions = Open-
AiAudioSpeechOptions.builder () .build ();
```

```
        openAiAudioSpeechOptions.setModel ( OpenAiAudioApi.TtsModel.
TTS_1.value );
        openAiAudioSpeechOptions.setVoice ( OpenAiAudioApi.Speech-
Request.Voice.ALLOY );
        openAiAudioSpeechOptions.setResponseFormat ( OpenAiAudioApi.
SpeechRequest.AudioResponseFormat.MP3 );
        openAiAudioSpeechOptions.setSpeed ( 1.0F );

        String content = "中华民族是一个伟大的民族。在历史发展过程中，各民
族共同参与了中国的统一和国家的建设，共同缔造了辉煌的中华文明。";
        SpeechPrompt speechPrompt = new SpeechPrompt ( content,
openAiAudioSpeechOptions );
        SpeechResponse speechResponse = openAiAudioSpeechModel.call
 ( speechPrompt );
        byte[] bytes = speechResponse.getResult ().getOutput ();
        try {
            String path = System.getProperty ( "user.dir" ) + File.
separator+"test.mp3";
            FileOutputStream fos = new FileOutputStream ( path );
            fos.write ( bytes );
            fos.close ();
        }catch ( Exception e ){
            System.out.println ( e );
        }finally {
            return "finish";
        }
    }
}
```

在 textToSpeech 方法中，首先，通过 OpenAiAudioSpeechOptions 设置生成
参数，包括模型、音色、格式和语速等。接着，使用 SpeechPrompt 封装文本内
容和生成选项。最后，通过 OpenAiAudioSpeechModel 调用 OpenAI 的语音合成
模型，将文本内容转换为语音并保存为 MP3 文件。

13.9　语音转文本

类似地，可以借助 OpenAiAudioTranscriptionModel 将语音转换成文本，示
例代码如下。

```
@RestController
```

```
    @RequestMapping ("/sttc")
    public class SpeechToTextController {
        @Autowired
        private OpenAiAudioTranscriptionModel openAiAudioTranscriptionModel;
        @GetMapping ("/text")
        public String speechToText () {
            OpenAiAudioTranscriptionOptions
openAiAudioTranscriptionOptions = OpenAiAudioTranscriptionOptions.
builder ().build ();
            openAiAudioTranscriptionOptions.setResponseFormat
(OpenAiAudioApi.TranscriptResponseFormat.TEXT);
            openAiAudioTranscriptionOptions.setTemperature (0F);
            ClassPathResource classPathResource = new ClassPathResource
("/test.mp3");
            AudioTranscriptionPrompt audioTranscriptionPrompt = new
AudioTranscriptionPrompt (classPathResource, openAiAudioTranscription-
Options);
            AudioTranscriptionResponse audioTranscriptionResponse = open-
AiAudioTranscriptionModel.call (audioTranscriptionPrompt);
            String content = audioTranscriptionResponse.getResult ().
getOutput ();
            System.out.println ("content-"+content);
            return content;
        }
    }
```

在 speechToText 方法中，首先，通过 OpenAiAudioTranscriptionOptions 设置
生成参数。接着，使用 AudioTranscriptionPrompt 封装语音文件和生成选项。最
后，通过 OpenAiAudioTranscriptionModel 调用 OpenAI 的语音识别模型将语音文
件转换为文本，并返回识别结果。

13.10　本章总结

本章详细介绍了 Spring AI 的核心技术，包括 ChatModel、ChatClient、
PromptTemplates、ChatOptions、Message 等关键组件，以及流式对话、文生图、
文本转语音、语音转文本等核心技术。通过学习本章，读者能够熟练使用 Spring
AI 的核心组件，并根据实际需求构建智能化应用。

14

第 14 章

CHAPTER 14

Spring AI 开发进阶

本章将深入介绍 Spring AI 的高级特性和开发技巧，涵盖多模态交互、结构化输出、提示词填充、嵌入模型、向量数据库、函数调用、增强器、对话记忆及内容审查等核心功能。这些功能通过灵活的配置和强大的扩展能力，为开发者在不同场景下构建智能化系统提供全面支持。

14.1　多模态

　　Spring AI 的多模态支持同时处理多种类型的数据输入和输出，例如文本、图像和语音。通过多模态功能，开发者可以将不同类型的数据结合，生成更丰富的交互体验，示例代码如下。

```
@RestController
@RequestMapping ("/mmc")
public class MultiModalController {
    @Autowired
    private ChatModel chatModel;
    @GetMapping ("/multi1")
    public String multi1 ( @RequestParam ( value = "message",
defaultValue = "请问图片中有什么？") String message) {
        ClassPathResource classPathResource = new ClassPathResource
("fruit.png");
        Media media = new Media ( MimeTypeUtils.IMAGE_PNG, class-
PathResource);
        List<Media> mediaList = List.of (media);
        UserMessage userMessage=new UserMessage (message,mediaList);
        OpenAiChatOptions openAiChatOptions = OpenAiChatOptions.
builder () .build ();
        openAiChatOptions.setModel
(OpenAiApi.ChatModel.GPT_4_O.getValue ());
        Prompt prompt = new Prompt (userMessage,openAiChatOptions);
        ChatResponse response = chatModel.call (prompt);
        String content = response.getResult () .getOutput () .
getContent ();
        return content;
    }

    @GetMapping ("/multi2")
    public String multi2 ( @RequestParam ( value = "message",
defaultValue = "请问图片中有什么？") String message) throws IOException {
        // 图片网络地址
        String imgPath = "https://***docs.spring.io/spring-ai/
reference/_images/multimodal.test.png";
        URL url = new URL (imgPath);
        Media media = new Media (MimeTypeUtils.IMAGE_PNG, url);
```

```
        List<Media> mediaList = List.of (media);
        UserMessage userMessage=new UserMessage (message,mediaList);
        OpenAiChatOptions openAiChatOptions = OpenAiChatOptions.
builder () .build ();
        openAiChatOptions.setModel
 (OpenAiApi.ChatModel.GPT_4_O.getValue ());
        Prompt prompt = new Prompt (userMessage,openAiChatOptions);
        ChatResponse response = chatModel.call (prompt);
        String content = response.getResult () .getOutput () .
getContent ();
        return content;
    }
}
```

在该示例中，multi1 方法用于加载本地图片，而 multi2 方法用于加载网络图片。程序将图像与文本消息结合形成多模态输入，通过调用模型生成对图片内容的描述并实现多模态交互。

14.2 结构化输出

结构化输出将模型的响应转换为预定义的格式。常见的结构化输出转换器包括 ListOutputConverter、MapOutputConverter 和 BeanOutputConverter，示例代码如下。

```
@RestController
@RequestMapping ("/occ")
public class OutputConverterController {
    // 省略非核心代码
    @GetMapping ("/c1")
    public List<String> convert1 (@RequestParam (value = "theme",
defaultValue = "科幻") String theme) {
        DefaultConversionService defaultConversionService = new
DefaultConversionService ();
        ListOutputConverter listOutputConverter = new ListOutput-
Converter (defaultConversionService);
        String format = listOutputConverter.getFormat ();
        String message = """
                请列出 5 部{theme}类型的电影
                {format}
                """;
```

```
        Map<String, Object> map = Map.of ("theme", theme, "format",
format);
        PromptTemplate promptTemplate = new PromptTemplate (message,
map);
        Prompt prompt = new Prompt (promptTemplate.createMessage ());
        Generation generation = chatClient
                .prompt (prompt)
                .call ()
                .chatResponse ()
                .getResult ();
        String content = generation.getOutput ().getContent ();
        List<String> movieList = listOutputConverter.convert (content);
        return movieList;
    }

    @GetMapping ("/c2")
    public Map<String, Object> convert2 (@RequestParam (value =
"theme", defaultValue = "科幻") String theme) {
        MapOutputConverter mapOutputConverter = new MapOutputCon-
verter ();
        String format = mapOutputConverter.getFormat ();
        String message = """
                请列出 5 部{themc}类型的电影
                {format}
                """;
        Map<String, Object> map = Map.of ("theme", theme, "format",
format);
        PromptTemplate promptTemplate = new PromptTemplate (message,
map);
        Prompt prompt = new Prompt (promptTemplate.createMessage ());
        Generation generation = chatClient
                .prompt (prompt)
                .call ()
                .chatResponse ()
                .getResult ();
        String content = generation.getOutput ().getContent ();
        Map<String, Object> movieMap = mapOutputConverter.convert
(content);
        return movieMap;
    }

    @GetMapping ("/c3")
```

```
    public Films converter3 ( @RequestParam ( value = "actor",
defaultValue = "Tom Hanks") String actor) {
        Class<Films> filmsClass = Films.class;
        BeanOutputConverter<Films>    beanOutputConverter    =    new
BeanOutputConverter<> (filmsClass) ;
        String format = beanOutputConverter.getFormat () ;
        String message = """
                请列出由{actor}主演的 5 部电影
                {format}
                """;
        Map<String, Object> map = Map.of ("actor", actor, "format",
format) ;
        PromptTemplate promptTemplate = new PromptTemplate (message,
map) ;
        Prompt prompt = new Prompt (promptTemplate.createMessage ()) ;
        Generation generation = chatClient
                .prompt (prompt)
                .call ()
                .chatResponse ()
                .getResult () ;
        String content = generation.getOutput () .getContent () ;
        Films films = beanOutputConverter.convert (content) ;
        return films;
    }
}
```

在该示例中，使用 convert1、convert2 和 convert3 方法将模型输出转换为结构化数据。在 convert1 方法中，首先，创建 ListOutputConverter 实例，然后构造包含动态参数和格式化指令的消息模板。接着，通过 PromptTemplate 创建 Prompt 对象并调用 ChatClient 获取模型的响应。最后，使用 ListOutputConverter 的 convert 方法将模型输出的内容转换为列表并返回。类似地，在 convert2 方法中使用 MapOutputConverter 的 convert 方法将模型输出的内容转换为键-值对。在 convert3 方法中使用 BeanOutputConverter 的 convert 方法将模型输出的内容转换为 Films 对象。

14.3 提示词填充

提示词填充技术通过将外部数据注入提示词模板来提高模型对上下文的理解能力。提示词填充适用于需要结合外部知识或动态数据的场景，例如问答系统和知识检索等。关于提示词填充技术的具体应用，请参见如下示例。

首先，定义外部知识文件 king.txt，内容如下。

2050 年，动物王国的国王是大熊猫。

这段文本将作为提示词的一部分，帮助模型生成更准确的回答。

然后，定义提示词模板 king.st，内容如下。

请你参考提示信息回答问题。
提示信息如下所示：
{outerknowledge}
请你回答如下问题：
{question}
如果你不知道答案，请说"对不起，我不了解相关情况。"

该提示词模板中包含两个占位符。其中，{outerknowledge}用于填充外部知识，{question}用于填充用户的提问。

接下来，利用代码实现提示词填充功能，代码如下。

```
@RestController
@RequestMapping("/psc")
public class PromptStuffingController {
    private final ChatClient chatClient;
    // 注入提示词模板
    @Value("classpath:/prompt/king.st")
    private Resource kingPrompt;
    // 注入外部知识
    @Value("classpath:/document/king.txt")
    private Resource kingKnowledge;

    public PromptStuffingController(ChatClient.Builder chatClientBuilder){
        this.chatClient = chatClientBuilder.build();
    }

    @GetMapping("/find")
    public String find(
            @RequestParam(value = "message",defaultValue = "2050
年，动物王国的国王是谁？")String message,
            @RequestParam(value = "stuffing",defaultValue = "false")
boolean stuffing){

        PromptTemplate promptTemplate = new PromptTemplate(kingPrompt);
```

```
        Map<String,Object> map = new HashMap<>();
        map.put("question", message);
        if (stuffing) {
            map.put("outerknowledge", kingKnowledge);
        }else {
            map.put("outerknowledge", "");
        }
        Prompt prompt = promptTemplate.create(map);
        ChatResponse chatResponse = chatClient.prompt(prompt).
call().chatResponse();
        String content = chatResponse.getResult().getOutput().
getContent();
        return content;
    }
  }
```

在 find 方法中，程序使用 PromptTemplate 渲染提示词模板，并根据 stuffing 参数决定是否将外部知识填充到模板中。如果 stuffing 为 true，则外部知识会被注入模板的{outerknowledge}占位符中；否则，该占位符将留空。最后，程序通过 ChatClient 调用模型以生成回答。

14.4　嵌入模型

Spring AI 使用嵌入模型（EmbeddingModel）生成文本嵌入向量，将文本转换为高维向量表示。这些向量捕捉了文本的语义信息，适用于文本相似度计算、分类和聚类等任务，示例代码如下。

```
@RestController
@RequestMapping("/ec")
public class EmbeddingController {
    @Autowired
    private EmbeddingModel embeddingModel;

    @GetMapping("/cs")
    public double calculateSimilarity(
            @RequestParam(value = "text1",defaultValue = "我是一名
工程师") String text1,
            @RequestParam(value = "text2",defaultValue = "小猫在吃
鱼骨头") String text2) {
        float[] text1FloatArray = embeddingModel.embed(text1);
```

```
        float[] text2FloatArray = embeddingModel.embed (text2);
        // 计算点积和范数
        double dotProduct = 0.0;
        double norm1 = 0.0;
        double norm2 = 0.0;
        for (int i = 0; i < text1FloatArray.length; i++) {
            dotProduct += text1FloatArray[i] * text2FloatArray[i];
            norm1 += Math.pow (text1FloatArray[i], 2);
            norm2 += Math.pow (text2FloatArray[i], 2);
        }
        // 计算余弦相似度
        double result = dotProduct / (Math.sqrt (norm1) * Math.sqrt
(norm2));
        return result;
    }
}
```

在 calculateSimilarity 方法中，首先，使用 EmbeddingModel 的 embed 方法将输入的文本 text1 和 text2 转换为嵌入向量。接着，遍历两个向量的每个维度，计算它们的点积和范数。最后，计算并返回两个文本嵌入向量的相似度。

14.5　向量数据库

向量数据库用于存储高维向量数据。不同于传统关系数据库的匹配检索方式，向量数据库采用相似性搜索。当给定一个查询向量时，它返回高维空间中最接近的向量数据。

Spring AI 支持多种向量数据库，并简化了向量数据的存储、索引和查询操作。当使用向量数据库时，首先需要将数据加载到其中。当处理用户查询时，系统从向量数据库中检索一组相似文档，并将其作为上下文与查询一起发送至模型。VectorStore 和 SearchRequest 是 Spring AI 处理高维向量数据的核心组件。VectorStore 提供了统一的接口存储和检索向量数据，SearchRequest 用于定义和配置搜索行为。以下是一个基于 Spring AI 的向量数据库应用示例，展示了如何实现向量数据的存储、检索和生成模型的集成。

首先，将小说内容保存在 classpath:/document/ 目录下的 story.txt 文件中。文件内容描述了宏达科技公司中几位主要角色的工作和生活，具体内容如下。

张小明，一个戴着黑框眼镜、面容清秀的年轻人，是宏达科技软件开发部的一员。他每天早晨从郊区的公寓出发，乘坐地铁穿越整个城市，来到宏达；晚上，再沿着相同的路线返回。尽管生活单调，但张小明对编程的热爱从未减退，他总梦想着能开发出改变世界的软件。而王大勇是张小明在公司的财务部同事。与张小明的内敛不同，王大勇性格豪爽，善于交际。他的办公桌上总是堆满了各种财务报表和计算器，但他总能在复杂的数字游戏中找到乐趣。在王大勇看来，财务不仅是数字的游戏，更是公司运营的晴雨表，他乐于通过数据洞察公司的每个细微变化……

接下来，创建配置类 SimpleVectorStoreConfig，用于初始化向量数据库，代码如下。

```
@Component
public class SimpleVectorStoreConfig {
    @Value ("story.txt")
    private String storyName;
    @Value ("classpath:/document/story.txt")
    private Resource storyResource;
    @Value ("story.json")
    private String storyVectorStore;
    @Bean
    SimpleVectorStore simpleVectorStore (EmbeddingModel embeddingModel) {
        SimpleVectorStore simpleVectorStore = new SimpleVectorStore
(embeddingModel);
        Path dirPath = Paths.get ("src", "main", "resources", "data");
        String vectorStorePath = dirPath.toFile ().getAbsolutePath ()
+File.separator + storyVectorStore;
        File vectorStoreFile = new File (vectorStorePath);
        if (vectorStoreFile.exists ()) {
            simpleVectorStore.load (vectorStoreFile);
        } else {
            TextReader textReader = new TextReader (storyResource);
            textReader.getCustomMetadata ().put ("filename",
storyName);
            List<Document> documents = textReader.get ();
            TokenTextSplitter tokenTextSplitter = new TokenText-
Splitter ();
            List<Document> documentList = tokenTextSplitter.apply
(documents);
            simpleVectorStore.add (documentList);
            simpleVectorStore.save (vectorStoreFile);
        }
```

```
        return simpleVectorStore;
    }
}
```

在启动 SpringBoot 项目时，自动执行配置类中的代码。在该配置类中，首先，使用 TextReader 读取 story.txt 文件的内容，并将其转换为 Document 对象。然后，使用 TokenTextSplitter 对文档进行分块处理。分块后的文档经过嵌入模型转换为向量数据并保存在 story.json 文件中。

然后，创建提示词模板文件 story.st，将检索到的文档片段与用户查询结合，内容如下。

请你从下面的故事中学习知识和内容，并使用故事里的知识和内容回答问题。
请你在回答问题时务必结合故事内容。
问题如下：
{question}
故事如下：
{storycontent}
如果你不确定答案或者答案不在故事中，那么请说"对不起，我不了解相关情况。"。

该提示词模板中包含两个占位符。其中，{question}用于填充用户的问题，{storycontent}表示检索到的文档片段。

接下来，在控制器中定义 find 方法，用于接收用户查询并处理，代码如下。

```
@RestController
@RequestMapping("/vsc")
public class VectorStoreController {
    private final ChatClient chatClient;
    private final VectorStore vectorStore;
    @Value("classpath:/prompt/story.st")
    private Resource storyTemplate;

    public VectorStoreController(ChatClient.Builder chatClientBuilder,
VectorStore vectorStore){
        this.chatClient = chatClientBuilder.build();
        this.vectorStore = vectorStore;
    }

    @GetMapping("/find")
    public String find(@RequestParam(value = "message",
defaultValue = "请描述张小明的主要工作") String message){
        SearchRequest searchRequest = SearchRequest.query(message).
```

```
withTopK (2);
        List<Document> similarDocuments = vectorStore.similaritySearch
(searchRequest);
        List<String> similarContentList = similarDocuments.stream
().map (Document::getContent).toList ();
        PromptTemplate promptTemplate = new PromptTemplate
(storyTemplate);
        Map<String, Object> map = new HashMap<> ();
        map.put ("question", message);
        map.put ("storycontent", String.join ("\n", similarContentList));
        Prompt prompt = promptTemplate.create (map);
        ChatResponse chatResponse = chatClient.prompt (prompt).
call ().chatResponse ();
        String content = chatResponse.getResult ().getOutput ().
getContent ();
        return content;
    }

}
```

在 find 方法中使用 SearchRequest 定义搜索行为，返回最相似的两个文档。然后，调用 similaritySearch 方法执行相似性搜索，获取相关文档片段。接着，从 story.st 中读取提示词模板，利用 PromptTemplate 将检索到的文档片段与用户查询结合生成最终的提示。最后，调用 ChatClient 生成最终的回答，并将其返回给用户。

14.6　函数调用

Spring AI 的函数调用（Function Calling）功能允许大模型在生成响应的过程中调用外部函数或服务。函数调用的实现过程包括如下主要步骤。首先，自定义执行特定任务的函数，该函数通常封装了外部工具或 API。然后，将自定义函数注册到 Spring 容器中。最后，将自定义函数添加到 ChatClient 中。以下是一个基于函数调用实现天气查询的示例。

首先，定义 WeatherService 类封装天气 API 的调用。该类实现了 Function<WeatherService.Request,WeatherService.Response>接口，并通过重写 apply 方法完成具体业务逻辑，代码如下。

```
@Service
```

```
public class WeatherService implements Function<WeatherService.
Request,WeatherService.Response> {
    private final RestClient restClient;
    private final String WEATHER_API_KEY ="Your api key";
    // 定义 record
    public record Request (String city) {}
    public record Response (Location location,Current current) {}
    public record Location ( String name, String region, String
country, Long lat, Long lon) {}
    public record Current ( String temp_f, Condition condition,
String wind_mph, String humidity) {}
    public record Condition (String text) {}

    public WeatherService () {
        this.restClient = RestClient.create ();
    }

    // 实现 Function 接口的 apply 方法
    @Override
    public Response apply (Request request) {
        String uri = "http://***api.weatherapi.com/v1/current.json?
key={key}&q={city}";
        String city = request.city ();
        Class<Response> responseClass = Response.class;
        Response response = restClient.get ()
                .uri (uri, WEATHER_API_KEY,city)
                .retrieve ()
                .body (responseClass);
        return response;
    }
}
```

在该类中，apply 方法使用 RestClient 调用天气 API，获取指定城市的天气数据，并将响应数据封装在 Response 中返回。

接下来，创建配置类 FunctionCallingConfig。在该类中，使用@Bean 注解将 WeatherService 实例注册为 Spring 管理的 Bean。同时，使用@Description 注解为函数添加描述信息，以便模型理解其功能，代码如下。

```
@Configuration
public class FunctionCallingConfig {
    @Autowired
```

```
    private WeatherService weatherService;

    @Bean
    @Description（"该函数用于查询某个城市的天气情况"）
    public Function<WeatherService.Request,WeatherService.Respon-
se> cityWeatherFunction（）{
        return weatherService;
    }
}
```

完成以上配置后，自定义函数被注册到 Spring 容器中，其他组件可以通过依赖注入使用该函数。

最后，在控制器类中利用 defaultFunctions 方法将自定义函数设置为 ChatClient 的默认函数，代码如下。

```
@RestController
@RequestMapping（"/fcc"）
public class FunctionCallingController {
    private final ChatClient chatClient;
    private final String defaultSystem = "你是一个查询城市天气的小助
手，负责查询全球各城市的天气情况。";
    // 该 functionName 的值与 FunctionCallingConfig 中的函数名保持一致
    private final String weatherFunction = "cityWeatherFunction";

    public FunctionCallingController（ChatClient.Builder chatCl-
ientBuilder）{
        this.chatClient = chatClientBuilder
                .defaultSystem（defaultSystem）
                .defaultFunctions（weatherFunction）//添加自定义函数
                .build（）;
    }

    @GetMapping（"/find"）
    public String find（@RequestParam（value = "city",defaultValue =
"beijing"）String city）{
        String message = "请告诉我"+city+"的天气情况。";
        String content = chatClient.prompt（）.user（message）.call
（）.content（）;
        return content;
    }
}
```

在控制器的构造函数中，通过 ChatClient.Builder 配置并创建 ChatClient 实例。通过 defaultSystem 方法设置默认的系统提示信息，通过 defaultFunctions 方法指定模型可调用的自定义函数。模型将根据上下文决定是否调用该函数。

14.7 增强器

增强器（Advisors）是 Spring AI 中用于优化和扩展 AI 模型行为的组件。通过在模型调用的请求发送之前和响应返回之后插入自定义逻辑，实现对模型行为的增强。这种设计采用非侵入式的方式，开发者无须修改核心代码即可灵活扩展模型功能，例如实现输入验证、结果过滤、日志记录、性能监控等功能。

Spring AI 内置多种增强器，满足不同应用场景的需求。例如，ChatMemory-Advisor 用于管理聊天历史记录，确保模型能够基于上下文生成更准确的回答；QuestionAnswerAdvisor 专为检索增强生成应用设计，通过从向量存储中检索相关信息并附加到提示词中帮助模型生成更精准的回答；SafeGuardAdvisor 用于过滤敏感词，能够检测并阻止包含违禁内容的请求。关于增强器的使用，请参见敏感词拦截案例，代码如下。

```
@RestController
@RequestMapping("/ac1")
public class AdvisorController1 {
    private final ChatClient chatClient;
    public AdvisorController1(ChatClient.Builder chatClientBuilder){
        this.chatClient = chatClientBuilder.build();
    }
    @GetMapping("/chat")
    public String chat() {
        List<String> forbiddenWordList = List.of("河牛");
        SafeGuardAdvisor safeGuardAdvisor = new SafeGuardAdvisor
(forbiddenWordList);
        String content = chatClient.prompt()
                .user("请讲一个关于河牛的故事")
                .advisors(safeGuardAdvisor)//添加增强器
                .call()
                .content();
        return content;
    }
}
```

在该示例中创建敏感词列表，其中包含敏感词"河牛"。SafeGuardAdvisor 检测用户输入中是否包含敏感词，如果检测到敏感词，那么拦截请求并阻止其发送到模型，同时返回相应的拦截提示。提示信息如下。

```
I'm unable to respond to that due to sensitive content. Could we
rephrase or discuss something else?
```

除了内置的增强器，Spring AI 还支持通过实现 CallAroundAdvisor 接口自定义增强器。该接口的 aroundCall 方法用于处理传入的请求，并通过调用增强器链的 nextAroundCall 方法将控制权传递给下一个增强器。此外，getOrder 方法用于确定该增强器在链中的执行顺序，返回值越小表示优先级越高。getName 方法返回增强器的唯一标识。以下是一个使用自定义增强器记录每次对话请求内容及其响应的示例，代码如下。

```java
@RestController
@RequestMapping("/ac2")
public class AdvisorController2 {
    private final ChatClient chatClient;
    public AdvisorController2(ChatClient.Builder chatClientBuilder) {
        this.chatClient = chatClientBuilder.build();
    }
    private class CallAroundAdvisorImpl implements CallAroundAdvisor {
        private final static int order = 0;
        private final static String advisorName = "CallAround-
AdvisorImpl";
        private final static Logger logger = LoggerFactory.getLogger
(CallAroundAdvisorImpl.class);

        @Override
        public AdvisedResponse aroundCall(AdvisedRequest advisedRequest,
CallAroundAdvisorChain chain) {
            // 获取对话请求内容
            String request = advisedRequest.userText();
            logger.info(request);
            // 获取对话响应内容
            AdvisedResponse advisedResponse = chain.nextAroundCall
(advisedRequest);
            String response = advisedResponse.response()
                .getResult()
                .getOutput()
                .getContent();
```

```
            logger.info (response);
            return advisedResponse;
        }

        // 返回 Advisor 的唯一标识名称
        @Override
        public String getName () {
            return advisorName;
        }

        // 确定 Advisor 在链中的执行顺序
        @Override
        public int getOrder () {
            return order;
        }
    }

    @GetMapping ("/chat")
    public  String  chat ( @RequestParam ( value  =  "message",
defaultValue = "黑龙江的省会在哪里？") String userMessage) {
        CallAroundAdvisorImpl myAdvisor = new CallAroundAdvisorImpl ();
        String content = chatClient.prompt ()
                .user (userMessage)
                .advisors (myAdvisor) //添加自定义增强器
                .call ()
                .content ();
        return content;
    }

}
```

　　自定义增强器实现 CallAroundAdvisor 接口，并重写 aroundCall、getName 和 getOrder 方法。在 aroundCall 方法中，增强器首先通过 userText 方法获取并记录用户请求的内容，接着调用 nextAroundCall 方法将控制权传递给链中的下一个增强器并获取模型生成的响应内容，最后将响应内容记录到日志中并返回 AdvisedResponse 对象。

14.8　对话记忆

　　对话记忆用于管理对话上下文和历史记录，适用于多轮对话或需要上下文感知的场景。对话记忆支持内存存储和持久化存储等实现方式，开发者可根据实际需求选择合适的方案。以下代码示例展示了基于 Spring AI 框架实现对话记忆的方法。

```java
@RestController
@RequestMapping ("/cmc")
public class ChatMemoryController {
    @Autowired
    private OpenAiChatModel openAiChatModel;

    private final ChatMemory chatMemory = new InMemoryChatMemory ();
    private static class AdvisorSpecConsumer implements Consumer
<ChatClient.AdvisorSpec> {
        private final String chatId;
        public AdvisorSpecConsumer (String chatId) {
            this.chatId = chatId;
        }

        @Override
        public void accept (ChatClient.AdvisorSpec advisorSpec) {
            // 配置对话 ID 和历史记录检索大小
            advisorSpec.param (CHAT_MEMORY_CONVERSATION_ID_KEY, chatId);
            advisorSpec.param (CHAT_MEMORY_RETRIEVE_SIZE_KEY, 100);
        }
    }

    @GetMapping ("/c")
    public String chat (
            @RequestParam (value = "chatId", defaultValue = "1")
String chatId,
            @RequestParam (value = "message", defaultValue = "I am
a Chinese. My favorite fruits are bananas and apples.") String mess-
age) {

        PromptChatMemoryAdvisor promptChatMemoryAdvisor = new Prompt-
ChatMemoryAdvisor (chatMemory);

        ChatClient chatClient = ChatClient.builder (openAiChatModel)
                .defaultAdvisors (promptChatMemoryAdvisor)
```

```
                .build ();
        AdvisorSpecConsumer advisorSpecConsumer = new AdvisorSpec-
Consumer (chatId);
        String content = chatClient.prompt ().user (message)
                .advisors (advisorSpecConsumer)
                .call ()
                .content ();

        return content;
    }
}
```

　　在该示例中，首先，创建 InMemoryChatMemory 对象，用于管理对话的历史记录。随后，利用该对象创建 PromptChatMemoryAdvisor，确保模型能够基于已有的上下文生成连贯的回复。然后，定义内部类 AdvisorSpecConsumer。该类实现了 Consumer<ChatClient.AdvisorSpec>接口，并在其 accept 方法中配置了对话的唯一标识和历史记录的最大检索数量，用于确保模型正确理解对话的背景信息。最后，调用 ChatClient 的 call 方法生成基于上下文的回复内容。

14.9　内容审查

　　Spring AI 集成了内容审核模型，用于检测用户输入中可能存在的不当内容，例如暴力、仇恨言论、性暗示、自残和恐怖主义等。开发者可以在模型调用之前对用户输入进行审核，确保其符合道德伦理和业务要求。若检测发现不当内容，那么系统将拦截请求并返回相应的提示信息，避免模型生成不当的响应。内容审查机制适用于聊天机器人、内容生成平台等多种场景，示例代码如下。

```
@RestController
@RequestMapping ("/mc")
public class ModerationController {
    private final OpenAiModerationModel moderationModel;

    @Autowired
    public ModerationController (OpenAiModerationModel moderationModel){
        this.moderationModel = moderationModel;
    }

    @GetMapping ("/check")
```

```java
    public String check (@RequestParam (value = "content", default-
Value = "老虎吃掉所有小动物") String content) {
        // 创建 OpenAiModerationOptions
        OpenAiModerationOptions moderationOptions = OpenAiModeration-
Options.builder ()
                .withModel ("text-moderation-latest")
                .build ();
        // 创建审核提示
        ModerationPrompt moderationPrompt = new ModerationPrompt
 (content, moderationOptions);
        // 调用审核模型
        ModerationResponse moderationResponse = moderationModel.
call (moderationPrompt);
        // 构建保存审核详情的 StringBuilder
        StringBuilder checkResultBuilder = new StringBuilder ();
        Moderation moderation = moderationResponse.getResult ().
getOutput ();
        String id = moderation.getId ();
        checkResultBuilder.append ("审核 ID: ").append (id);
        String model = moderation.getModel ();
        checkResultBuilder.append ("使用的模型: ").append (model);
        // 获取审核结果
        ModerationResult moderationResult = moderation.getResults ().
get (0);
        boolean isFlagged = moderationResult.isFlagged ();
        checkResultBuilder.append ("是否被标记: ").append (isFlagged);
        // 获取各类别的审核结果
        Categories categories = moderationResult.getCategories ();
        boolean isSexual = categories.isSexual ();
        checkResultBuilder.append ("色情内容: ").append (isSexual);
        boolean isHate = categories.isHate ();
        checkResultBuilder.append ("仇恨言论: ").append (isHate);
        boolean isHarassment = categories.isHarassment ();
        checkResultBuilder.append ("骚扰行为: ").append (isHarassment);
        // 获取各类别的得分
        CategoryScores categoryScores = moderationResult.getCategory-
Scores ();
        double sexual = categoryScores.getSexual ();
        checkResultBuilder.append ("色情内容得分: ").append (sexual);
```

```
        double hate = categoryScores.getHate();
        checkResultBuilder.append("仇恨言论得分: ").append(hate);
        double harassment = categoryScores.getHarassment();
        checkResultBuilder.append("骚扰行为得分: ").append(harassment);
        return checkResultBuilder.toString();
    }
}
```

在该示例中，首先创建了 OpenAiModerationOptions 对象，指定使用 text-moderation-latest 模型进行内容审核。接着，使用 ModerationPrompt 将用户输入内容和审核选项封装为请求对象，并调用 OpenAiModerationModel 的 call 方法发送审核请求。审核结果以 ModerationResponse 对象的形式返回。通过解析该对象，提取审核的详细信息，包括审核 ID、使用的模型、是否被标记、各类别的内容检测结果（如色情、仇恨言论、暴力等）以及各类别的得分。各类别的得分是一个介于 0 到 1 的小数，表示模型对输入内容属于该类别的置信度。得分越接近 1，表示输入内容属于该类别的可能性越高；得分越接近 0，表示输入内容属于该类别的可能性越低。例如，仇恨言论得分为 0.2，表示模型认为输入内容包含仇恨言论的可能性较低。最终，以字符串形式将审核结果返回给用户。

14.10　本章总结

本章详细讲解了 Spring AI 的多模态、结构化输出、提示词填充、嵌入模型、向量数据库、函数调用、增强器、对话记忆以及内容审查等高级特性，并通过具体案例展示了这些技术在实际项目中的应用场景。通过学习本章，读者将能够全面掌握 Spring AI 的应用技巧，为后续构建功能丰富、性能卓越的 AI 应用奠定坚实的基础。

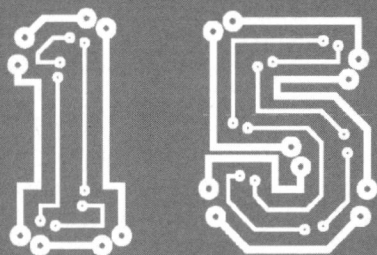

第 15 章
CHAPTER 15

Spring AI 项目开发实战

　　在前面的章节中，详细介绍了大模型的基础知识、Spring AI 的核心技术及其进阶应用。在知识层面，我们已经掌握了 Spring AI 开发的核心技术。但是，从项目实战角度来讲，还需要积累项目实操经验。为此，本章将重点探讨 Spring AI 在实际项目开发中的应用，本章的三个实战项目均采用 DeepSeek 实现。为便于读者学习，本书的配套资料中额外提供了对这三个项目的 ChatGPT 实现方法。

　　由于篇幅限制，同时为了让读者聚焦于项目的关键技术，本章在编写过程中省略了部分非核心代码，尽量避免冗余和重复代码占据大量版面。完整的项目源码及实现细节，请参见本书配套资料。

15.1　芯有灵犀智能对话系统

芯有灵犀（SmartGPT）是一款基于人工智能的对话系统，主要提供智能问答服务。该系统通过 Spring AI 集成深度求索的 DeepSeek 模型，实现用户与 AI 的实时交互。

15.1.1　项目展示

SmartGPT 界面直观、易用，支持对话历史展示与实时更新，用户可通过自然语言与 AI 模型进行便捷沟通。系统主界面如图 15-1 所示。

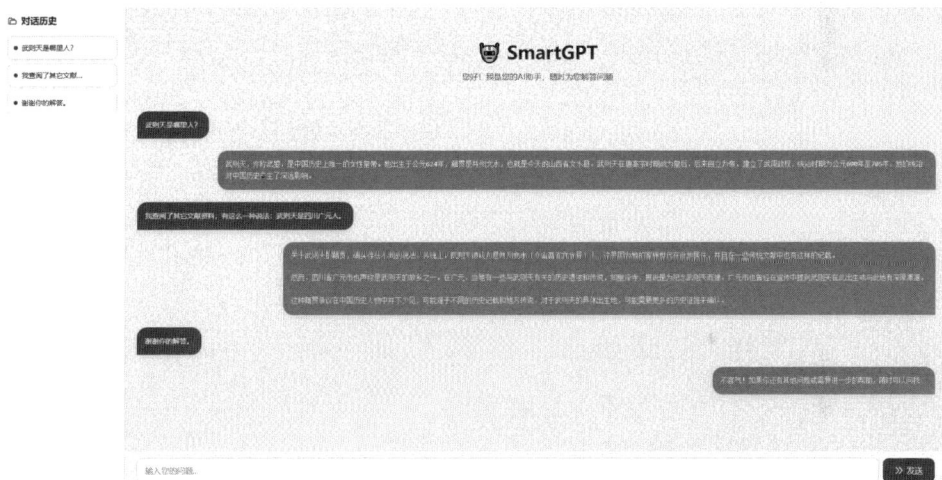

图 15-1　SmartGPT 主界面

页面分为左侧边栏和右侧主界面两部分。左侧边栏显示对话历史，右侧主界面显示对话内容和输入框。

15.1.2　技术架构

SmartGPT 采用前后端分离架构。前端使用 HTML5 和 Thymeleaf 模板引擎构建交互页面，后端基于 SpringBoot 框架调用大模型处理用户请求。项目主要技术栈包括 HTML、CSS、JavaScript、HTMX、Thymeleaf、Spring AI 和 Chat-

Client 等。此外，项目还使用 InMemoryChatMemory、SimpleLoggerAdvisor 和 MessageChatMemoryAdvisor 管理对话和日志记录。

SmartGPT 使用 HTMX 技术实现前后端交互。HTMX 是一款轻量级的 HTML 增强库，它通过 HTML 属性定义 AJAX 请求，简化了 JavaScript 代码的书写。当用户提交数据时，HTMX 发送异步请求至后端。后端处理请求后，不返回整个页面，仅返回需要更新的前端片段。前端接收到这些片段后，HTMX 自动将其插入页面的指定位置，实现无刷新页面更新。

15.1.3　核心功能

智能问答是 SmartGPT 的核心功能。用户可以在系统界面输入各种内容，涵盖知识问答、信息检索、对话交流等形式。为方便用户追踪和回顾交互过程，SmartGPT 提供对话历史功能。该功能自动记录每次用户与大模型的对话内容，包括用户的提问和大模型的回答。

15.1.4　开发环境

SmartGPT 的开发环境与具体配置如下。

（1）JDK 版本：JDK17。

（2）开发工具：IntelliJ IDEA。

（3）DeepSeek 版本：V3。

（4）Maven 版本：Maven 3.5.4。

（5）操作系统：Windows。

（6）浏览器：谷歌、火狐。

15.1.5　项目搭建

在 IDEA 中利用 Spring Initializr 创建 Spring Boot 项目 SmartGPT，并在 src 下按照功能创建子包。其中，config 包存放各种配置文件；controller 包存放控制器；util 包存放工具类；templates 目录存放 HTML 模板文件。SmartGPT 项目结构如图 15-2 所示。

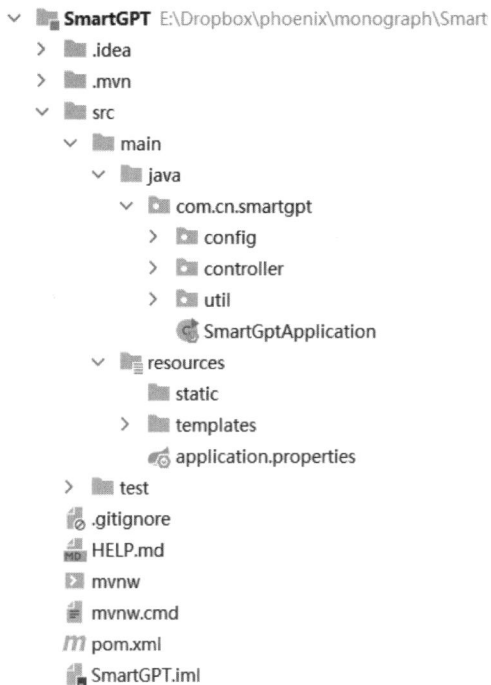

图 15-2　SmartGPT 项目结构

完善项目结构后，在 pom.xml 文件中添加项目开发所需的依赖，代码如下。

```xml
<dependencies>
        <!--添加 spring-boot-starter-web-->
        <dependency>
            <groupId>org.springframework.boot</groupId>
            <artifactId>spring-boot-starter-web</artifactId>
        </dependency>
        <!--添加 spring-ai-openai-spring-boot-starter-->
        <dependency>
            <groupId>org.springframework.ai</groupId>
            <artifactId>spring-ai-openai-spring-boot-starter</artifactId>
        </dependency>
        <!--添加 spring-boot-starter-thymeleaf-->
        <dependency>
            <groupId>org.springframework.boot</groupId>
```

```
            <artifactId>spring-boot-starter-thymeleaf</artifactId>
        </dependency>
        <!--添加 htmx-spring-boot-thymeleaf-->
        <dependency>
            <groupId>io.github.wimdeblauwe</groupId>
            <artifactId>htmx-spring-boot-thymeleaf</artifactId>
            <version>3.3.0</version>
        </dependency>
        <!--添加 spring-boot-starter-test-->
        <dependency>
            <groupId>org.springframework.boot</groupId>
            <artifactId>spring-boot-starter-test</artifactId>
            <scope>test</scope>
        </dependency>
    </dependencies>
```

接下来，在项目配置文件 application.properties 中添加项目的核心配置，代码如下。

```
spring.application.name=SmartGPT
# 配置 Deepseek API 地址
spring.ai.openai.base-url=https://*** api.deepseek.com
# 配置 DeepSeek API 密钥
spring.ai.openai.api-key=Your Deepseek Key
```

在项目配置文件中配置 DeepSeek 的 API 地址和密钥。请各位读者在编码实践中将以上信息替换成与项目实际情况相符的配置。

15.1.6 后端开发

首先，在配置类 ChatClientConfig 中配置 ChatClient 并为其添加两个 Advisor，代码如下。

```
@Configuration
public class ChatClientConfig {
    @Bean
    public ChatClient chatClient (ChatClient.Builder builder) {
        SimpleLoggerAdvisor simpleLoggerAdvisor = new SimpleLogger-
Advisor ();
        InMemoryChatMemory inMemoryChatMemory = new InMemoryChat-
Memory ();
```

```
        MessageChatMemoryAdvisor  messageChatMemoryAdvisor  =  new
MessageChatMemoryAdvisor (inMemoryChatMemory);
        return  builder.defaultAdvisors ( messageChatMemoryAdvisor,
simpleLoggerAdvisor).build ();
    }
}
```

SimpleLoggerAdvisor 用于在控制台打印请求和响应信息，帮助开发者调试和监控程序的运行状况。InMemoryChatMemory 采用内存存储方式，管理用户与 AI 的对话历史。相较于外部存储，InMemoryChatMemory 避免了频繁的读写操作，减少了性能开销，并提升了系统响应效率。MessageChatMemoryAdvisor 负责将对话历史添加到每次请求中，以便 AI 模型获取完整的对话上下文。在 SmartGPT 项目中，当用户发起新请求时，系统会将之前的对话内容一并发送给 AI 模型，确保对话的上下文连贯性。

然后，利用控制器 ChatController 处理前端请求并生成响应，代码如下。

```
@Controller
@RequestMapping ("/cc")
public class ChatController {
    private final ChatClient chatClient;

    @Autowired
    public ChatController (ChatClient chatClient){
        this.chatClient = chatClient;
    }

    @HxRequest
    @PostMapping ("/chat")
    public HtmxResponse chat (@RequestParam ( value = "message",
defaultValue = "你好, GPT") String message, Model model){
        // 调用 DeepSeek 生成响应
        String content = chatClient.prompt ().user (message).call ().
content ();
        // 将用户输入和 AI 响应存储在 Model 中
        model.addAttribute ("request", message);
        model.addAttribute ("response", content);
        // 生成并返回 HTMX 响应
        return HtmxUtil.createHtmxResponse ();
```

```
    }
}
```

在 ChatController 类中，定义 chat 方法处理用户与 AI 的对话，该方法使用
@HxRequest 注解支持 HTMX 请求。在方法内部，调用 ChatClient 的 call 方法向
ChatGPT 发送请求并获取响应。然后，调用 addAttribute 方法，将用户输入和 AI
响应添加到模型 Model 中，以便前端模板渲染页面。

最后，调用 HtmxUtil 的 createHtmxResponse 方法生成 HTMX 响应，并返回
给前端，代码如下。

```
public class HtmxUtil {
    public static HtmxResponse createHtmxResponse () {
        return HtmxResponse.builder ()
                .view ("chatView :: chatFragment")
                .view ("requestView :: requestFragment")
                .build () ;
    }
}
```

在该类中，createHtmxResponse 方法返回两个视图片段。其中，chatView 中的
chatFragment 用于更新对话视图，requestView 中的 requestFragment 用于更新对话
历史。

15.1.7 前端开发

前端主界面采用 Flex 布局实现响应式设计，界面包括两部分，左侧为对话
历史，右侧为人机交互，代码如下。

```
<div class="flex h-full">
    <aside class="hidden md:block w-64 bg-white border-r ">
        <div  id="request-container"  class="flex-1  overflow-y-
auto"></div>
    </aside>
    <main class="flex-1 flex flex-col">
        <div id="chat-container" class="flex-1 p-4 md:p-6"></div>
        <form id="chatForm" hx-post="/cc/chat" hx-on::after-request="
this.reset ()">
            <input type="text" name="message" placeholder="输入您的
问题..." required hx-trigger="keyup[key==Enter]" hx-include="[name=
'message']">
            <button type="submit">发送</button>
```

```
            </form>
        </main>
    </div>
```

主界面使用 div 标签定义两个容器，用于显示所有对话历史和对话内容。用户单击"发送"按钮或按"Enter"键提交表单，将前端数据传递到后端接口。表单 hx-trigger 属性用于提交表单，提交方式为 POST。hx-include 属性用于指定提交表单时包含的数据字段。hx-on::after-request 属性用于在表单提交后自动重置表单，清空输入框内容。

接下来，在 chatView.html 中定义前端片段 chatFragment，用于显示对话内容，代码如下。

```
<div th:fragment="chatFragment" hx-swap-oob="beforeend:#chat-
container">
    <div class="flex justify-start mb-4">
        <div class="max-w-[90%] md:max-w-1/2">
            <div class="bg-gradient-to-br">
                <div th:text="${request}"></div>
            </div>
        </div>
    </div>
    <div class="flex justify-end mb-8">
        <div class="max-w-[90%] md:max-w-1/2">
            <div class="bg-gradient-to-br">
                <pre th:text="${response}"></pre>
            </div>
        </div>
    </div>
</div>
```

在该片段中，使用 hx-swap-oob 属性指定将 chatFragment 插入主界面容器 chat-container 的末尾。同时，使用 Thymeleaf 指令 th:text 渲染用户输入和 AI 响应。

类似地，在 requestView.html 中定义前端片段 requestFragment 用于显示用户提问，代码如下。

```
<div  th:fragment="requestFragment"  hx-swap-oob="beforeend:#request-
container">
    <div class="group relative transition-all">
        <div class="text-sm p-3 rounded-xl">
            <div class="w-2 h-2"></div>
```

```
        <div th:text="${request}"></div>
    </div>
  </div>
</div>
```

在该片段中，使用 hx-swap-oob 属性指定将 requestFragment 插入主界面容器 request-container 的末尾。同时，使用 Thymeleaf 指令渲染对话历史。

15.1.8　项目小结

SmartGPT 实现了人机对话，提供智能问答和对话历史功能。项目前端使用 HTML5 和 Thymeleaf 构建界面，后端基于 Spring Boot 框架处理请求并调用 AI 模型。项目通过 HTMX 技术实现前后端的异步交互和页面的无刷新更新。

在项目开发过程中需要注意，InMemoryChatMemory 作为基于内存的存储方式仅适用于简单应用场景。在高复杂度的大型项目中，建议使用 Redis、JPA、MongoDB 或 Kafka 替代 InMemoryChatMemory 实现聊天上下文的持久化存储。与 InMemoryChatMemory 相比，以上技术方案具备更强的扩展性、持久性和分布式支持，能够避免因应用重启或内存限制导致数据丢失。

15.2　企业金融数据分析平台

金融是信息密集型行业，用户对财务数据、投资建议和市场分析的需求越来越多。传统金融咨询服务主要依赖人工客服或静态 FAQ 页面，目前已难以满足用户需求。

企业金融数据分析平台（SmartFinance）结合行业需求与人工智能技术发展趋势，构建具备专业知识检索能力的智能对话系统。平台采用检索增强生成技术提升知识库的检索能力，适用于财务数据分析、金融咨询等场景，满足用户对金融服务实时性和精准性的双重需求。此外，SmartFinance 支持本地化部署。数据的存储、传输和处理均在企业可控的硬件和网络环境中进行，能够有效规避数据在公共网络中的传输风险，提升财务数据的安全性与隐私性。

15.2.1　项目展示

SmartFinance 支持上传多种格式的文件，包括但不限于 PDF、Word、

Excel、CSV 和 txt。文件上传页面如图 15-3 所示。

图 15-3 SmartFinance 文件上传页面

用户上传的市场分析报告、企业财务报告和投资建议等文件被解析后存储至知识库。SmartFinance 基于该知识库提供智能对话和数据分析服务，如图 15-4 所示。

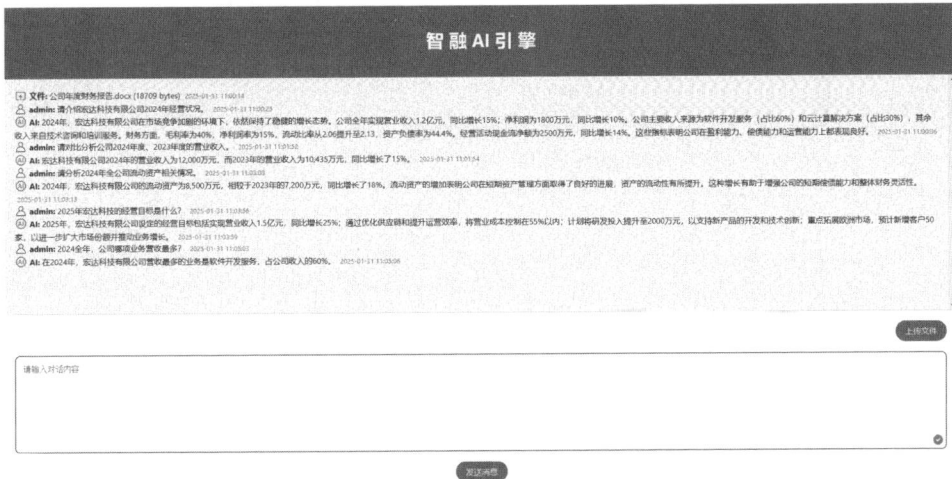

图 15-4 SmartFinance 智能对话和数据分析服务

15.2.2 技术架构

SmartFinance 项目采用前后端分离架构，二者通过 HTTP 进行通信。前端基于 HTML5 和 Thymeleaf 模板引擎构建，负责展示用户界面。前端通过 Fetch 与后端交互，并采用 JSON 作为数据交换格式，后端基于 Spring Boot 框架采用分层架构设计。Controller 层接收前端的请求，并调用 Service 层处理业务逻辑。Service 层负责处理具体的业务，涵盖用户登录验证、文件上传处理、对话内容的解析与生成等。

此外，SmartFinance 使用 VectorStore 实现文件的向量化存储与检索。使用

InMemoryChatMemory、SimpleLoggerAdvisor 和 PromptChatMemoryAdvisor 管理对话和日志记录。

15.2.3 核心技术

检索增强生成是 SmartFinance 项目的核心技术，它从知识库检索与当前任务相关的信息，并将其作为提示词输入大模型，提升模型处理知识密集型任务的能力。

在 SmartFinance 项目中，检索增强生成利用知识库中的金融领域知识和财务数据，提高了大模型生成内容的准确性、可靠性和透明度。在检索阶段，检索增强生成利用相似度搜索从外部知识库中查找与对话内容最相关的文本片段。这些文本片段涵盖了金融数据、行业政策、市场动态等信息。在增强阶段，检索到的文档片段被作为上下文信息输入生成模型。最后，模型结合外部知识库中的金融领域知识，生成更加准确和专业的回答。这种方式有助于减少大模型可能出现的"幻觉"问题，即生成与事实不符或缺乏依据的内容。

15.2.4 开发环境

SmartFinance 开发环境与具体配置如下。

（1）JDK 版本：JDK17。

（2）开发工具：IntelliJ IDEA。

（3）DeepSeek 版本：V3。

（4）Maven 版本：Maven 3.5.4。

（5）向量数据库：SimpleVectorStore。

（6）操作系统：Windows。

（7）浏览器：谷歌、火狐。

15.2.5 项目搭建

在 IDEA 中利用 Spring Initializr 创建 Spring Boot 项目 SmartFinance，并在 src 下按照功能划分创建子包。其中，config 包用于存放各种配置，controller 包用于存放控制器，service 包用于存放业务层组件，bean 包用于存放 JavaBean，util 包用于存放工具类，templates 目录用于存放 HTML 模板文件。SmartFinance 项目结构如图 15-5 所示。

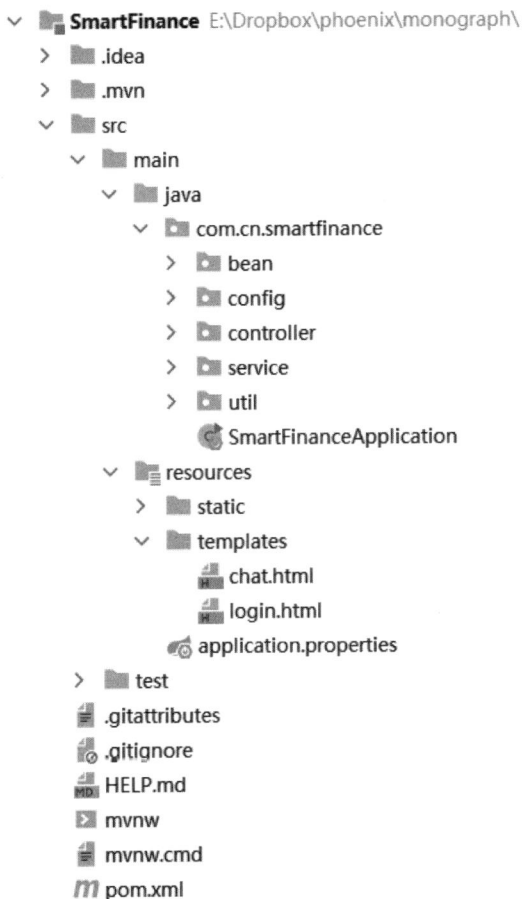

图 15-5   SmartFinance 项目结构

完善项目结构后，在 pom.xml 文件中添加项目开发所需的依赖，代码如下。

```xml
<dependencies>
    <dependency>
        <groupId>org.springframework.boot</groupId>
        <artifactId>spring-boot-starter-thymeleaf</artifactId>
    </dependency>
    <dependency>
        <groupId>org.springframework.boot</groupId>
        <artifactId>spring-boot-starter-web</artifactId>
    </dependency>
    <dependency>
```

```xml
            <groupId>com.alibaba.cloud.ai</groupId>
            <artifactId>spring-ai-alibaba-starter</artifactId>
            <version>1.0.0-M5.1</version>
        </dependency>
        <dependency>
            <groupId>org.springframework.boot</groupId>
            <artifactId>spring-boot-starter-test</artifactId>
            <scope>test</scope>
        </dependency>
        <dependency>
            <groupId>org.springframework.ai</groupId>
            <artifactId>spring-ai-tika-document-
reader</artifactId>
        </dependency>
        <dependency>
            <groupId>jakarta.servlet</groupId>
            <artifactId>jakarta.servlet-api</artifactId>
            <version>6.0.0</version>
        </dependency>
    </dependencies>
```

接下来，在项目配置文件 application.properties 中添加项目的核心配置，代码如下。

```properties
# 配置 DeepSeek
spring.ai.dashscope.chat.options.model= deepseek-v3
spring.ai.openai.embedding.enabled=true
spring.ai.openai.embedding.model=text-embedding-ada-002
# 设置单个文件的最大大小
spring.servlet.multipart.max-file-size=20MB
# 设置整个请求的最大大小（包括所有文件和表单数据）
spring.servlet.multipart.max-request-size=25MB
spring.thymeleaf.prefix=classpath:/templates/
spring.thymeleaf.suffix=.html
spring.thymeleaf.cache=false
```

请各位读者在编码实践中将以上配置信息替换成与项目实际情况相符的配置。

15.2.6　后端开发

1. 配置 ChatClient

首先，在配置类 SimpleVectorStoreConfig 中配置 SimpleVectorStore，代码

如下。

```
@Configuration
public class SimpleVectorStoreConfig {
  @Bean
  public SimpleVectorStore simpleVectorStore ( EmbeddingModel
embeddingModel){
    return new SimpleVectorStore (embeddingModel);
  }
}
```

SimpleVectorStore 是存储和检索向量化数据的组件，它依赖 Embedding-Model 将文本数据转换为向量表示。

然后，在配置类 ChatClientConfig 中配置 ChatClient，代码如下。

```
public class ChatClientConfig {
    @Bean
    public ChatClient chatClient ( ChatClient.Builder chatClient-
Builder, VectorStore vectorStore) {
        SimpleLoggerAdvisor simpleLoggerAdvisor = new SimpleLogger-
Advisor ();
        SearchRequest searchRequest = SearchRequest.defaults ();
        QuestionAnswerAdvisor questionAnswerAdvisor = new Question-
AnswerAdvisor (vectorStore, searchRequest);
        InMemoryChatMemory inMemoryChatMemory = new InMemoryChat-
Memory ();
        PromptChatMemoryAdvisor promptChatMemoryAdvisor = new Prompt-
ChatMemoryAdvisor (inMemoryChatMemory);
        ChatClient.Builder builder = chatClientBuilder.defaultAdvisors
(simpleLoggerAdvisor, questionAnswerAdvisor, promptChatMemoryAdvisor);
        return builder.build ();
    }
}
```

ChatClient 配置了多个 Advisor。其中，SimpleLoggerAdvisor 用于在控制台打印请求和响应信息。QuestionAnswerAdvisor 结合 VectorStore 和 SearchRequest 从向量存储中检索与当前对话最相关的文档片段，并将这些片段作为上下文信息传递给模型。InMemoryChatMemory 负责管理用户与 AI 的对话历史。在每次请求时，PromptChatMemoryAdvisor 将 InMemoryChatMemory 中存储的历史对话添加到输入中，以确保 AI 模型能够获取完整的对话上下文。最后，通过 default-Advisors 方法添加 Advisor 并返回 ChatClient 实例。

2. 保存上传文件

在业务类 FileServiceImpl 中实现文件上传与处理的核心逻辑，代码如下。

```java
@Service
public class FileServiceImpl implements FileService {
    private final DocumentService documentService;
    private final String dirPath = DeviceUtil.getLastDriveLetter () +
File.separator + "temp";

    public FileServiceImpl (DocumentService documentService) {
        this.documentService = documentService;
    }

    // 文件上传
    @Override
    public FileInfo uploadFile ( MultipartFile multipartFile )
throws IOException {
        File file = uploadFileToServer (multipartFile);
        documentService.parseAndStoreDocument (file);
        FileInfo fileInfo = getFileInfo (multipartFile);
        return fileInfo;
    }

    // 上传文件到服务器
    public File uploadFileToServer (MultipartFile multipartFile)
throws IOException {
        String originalFileName = multipartFile.getOriginalFilename ();
        int index = originalFileName.lastIndexOf (".");
        originalFileName = UUID.randomUUID () + originalFileName.
substring (index);
        File dirFile = new File (dirPath);
        if (!dirFile.exists ()) {
            dirFile.mkdirs ();
        }
        File file = new File (dirPath + File.separator + original-
FileName);
        multipartFile.transferTo (file);
        return file;
    }
```

```
// 获取文件信息
public FileInfo getFileInfo (MultipartFile multipartFile) {
    String name = multipartFile.getOriginalFilename ();
    String type = multipartFile.getContentType ();
    long size = multipartFile.getSize ();
    FileInfo fileInfo = new FileInfo (name, type, size);
    return fileInfo;
    }
}
```

FileServiceImpl 类通过调用 uploadFileToServer、parseAndStoreDocument 和 getFileInfo 方法，实现文件上传、解析和存储功能。其中，uploadFileToServer 负责将文件上传至服务器，parseAndStoreDocument 解析并存储上传的文件，getFileInfo 获取文件信息，如原始名称、内容类型和大小等。

3．解析上传文件

DocumentServiceImpl 负责将用户上传的文件内容解析为文本，并利用 VectorStore 实现向量化存储，代码如下。

```
@Service
public class DocumentServiceImpl implements DocumentService {
    private final VectorStore vectorStore;

    @Autowired
    public DocumentServiceImpl (VectorStore vectorStore) {
        this.vectorStore = vectorStore;
    }

    @Override
    public void parseAndStoreDocument (File file) {
        String path = file.getAbsolutePath ();
        FileSystemResource fileSystemResource = new FileSystemResource
(path);
        TikaDocumentReader tikaDocumentReader = new TikaDocumentReader
(fileSystemResource);
        List<Document> documentList = tikaDocumentReader.get ();
        TokenTextSplitter tokenTextSplitter = new TokenTextSplitter ();
        List<Document> splitDocuments = tokenTextSplitter.apply
(documentList);
        vectorStore.add (splitDocuments);
    }
}
```

在 DocumentServiceImpl 的构造函数中，使用 @Autowired 注解注入 VectorStore 实例用于存储文档的向量表示。在 parseAndStoreDocument 方法中，首先，利用 TikaDocumentReader 解析用户上传的文件并提取文本信息。随后，使用 TokenTextSplitter 将文本拆分为多个长度适中的段落。最后，将拆分后的段落存入 VectorStore，用于支持后续的相似度搜索。

4. 实现智能对话

在 ChatServiceImpl 中，使用 ChatClient 实现用户与模型的交互，代码如下。

```java
@Service
public class ChatServiceImpl implements ChatService {
    private final ChatClient chatClient;
    private final String key =
            AbstractChatMemoryAdvisor.CHAT_MEMORY_CONVERSATION_ID_ KEY;

    @Autowired
    public ChatServiceImpl (ChatClient chatClient) {
        this.chatClient = chatClient;
    }

    @Override
    public AIResponse chat (String userMessage, String username) {
        return chatClient.prompt ()
                .user (userMessage)
                .advisors (new Consumer<ChatClient.AdvisorSpec> () {
                    @Override
                    public void accept (ChatClient.AdvisorSpec advi-
sorSpec) {
                        advisorSpec.param (key, username);
                    }
                })
                .call ()
                .entity (AIResponse.class);
    }
}
```

ChatClient 是处理用户请求和生成响应的核心组件，它集成了多个 Advisor 实现功能增强。在 ChatServiceImpl 类中，使用@Autowired 注解注入 ChatClient 实例。

在 ChatServiceImpl 类中定义 chat 方法用于调用模型生成响应。该方法接收用户输入的消息和用户名作为参数。在方法内部，首先，调用 prompt 方法构建对话，然后通过 user 方法设置用户输入的内容。接着，调用 advisors 方法传入 Consumer<ChatClient.AdvisorSpec>类型的匿名内部类配置 Advisor 参数。在此过程中，调用 AdvisorSpec 的 param 方法设置对话记忆的上下文 ID，使 InMemoryChatMemory 依据该标识管理对话历史，确保对话的连贯性和上下文一致性。

ChatClient 利用 QuestionAnswerAdvisor 从向量存储中检索与问题最相关的文档片段，并将其作为上下文信息传递给 AI 模型，辅助模型生成更准确、连贯的回答。最终，调用 call 方法生成响应，并将结果封装为 AIResponse 对象。

15.2.7　前端开发

1. 文件上传界面

在 chat.html 页面中利用表单上传企业内部文件，代码如下。

```html
<div id="uploadModal" class="modal">
  <div class="modal-content">
    <span class="closeModalSpan">&times;</span>
    <h2>选择本地文件并上传至服务器</h2>
    <form id="uploadForm" method="post" th:action="@{/fc/upload}"
enctype="multipart/form-data" target="hiddenUploadFrame">
      <input type="file" name="file" id="file" required>
      <input type="submit" value="开始上传">
    </form>
    <div class="loader" id="loader">
      <svg class="circular">
        <circle class="path" cx="25" cy="25"></circle>
      </svg>
    </div>
  </div>
</div>
```

前端页面通过模态框实现文件上传功能。模态框内包含标题、关闭按钮、文件上传表单及加载动画。其中，表单的 action 属性指定后端文件上传接口地址；enctype 属性设置为 multipart/form-data，以支持文件上传所需的编码类型；target 属性指定表单提交的目标为隐藏的 iframe。

2．智能对话界面

在 chat.html 页面中利用 JavaScript 实现对话功能，代码如下。

```html
<html>
<head>
  <script>

    function addMessageToChatArea (sender, message) {
      var chatArea = document.querySelector ('#chatArea');
      var senderName;
      if (sender === '用户') {
        senderName = currentUsername;
      } else {
        senderName = sender;
      }
      chatArea.innerHTML += createMessageHTML (sender, senderName,
message);
      chatArea.scrollTop = chatArea.scrollHeight;
    }

    function sendUserMessageToServer (userInputMessage) {
      fetch ('/cc/chat', {
        method: 'POST',
        headers: {
          'Content-Type': 'application/json'
        },
        body: JSON.stringify ({ userMessage: userInputMessage })
      })
          .then (function (response) {
            return response.json ();
          })
          .then (function (data) {
            addMessageToChatArea ('AI', data.answer);
          });
    }

    function handleUserMessage () {
      var userInput = document.querySelector ('#userInput');
      var userMessage = userInput.value.trim ();
      if (!userMessage) {
        return false;
```

```
        }
        addMessageToChatArea('用户', userMessage);
        sendUserMessageToServer(userMessage);
        userInput.value = '';
        return false;
      }
    </script>
  </head>

  <body>
  <div id="main">
    <div id="chatArea"></div>
    <div id="uploadFileDiv">
      <button id="uploadFile">上传文件</button>
    </div>
    <textarea id="userInput" placeholder="请输入对话内容" rows="1">
</textarea>
    <button id="sendMessageButton">发送消息</button>
  </div>
  </body>
  </html>
```

当用户在聊天界面输入消息并单击"发送"按钮时，将触发 handleUserMessage
函数。该函数首先将用户输入的消息添加到聊天区域，然后调用 sendUser-
MessageToServer 函数，以 POST 方式将用户消息发送至服务器。服务器接收数
据后，处理用户消息并生成响应。客户端接收服务器回复后，调用 addMessage-
ToChatArea 函数将响应内容添加到聊天区域。

15.2.8　项目小结

　　企业金融数据分析平台通过构建具备专业知识检索能力的智能对话系统，提
升了财务数据分析与金融咨询服务的实时性与精准度。项目采用前后端分离架
构，实现了文件上传、文档解析与存储、智能对话等核心功能。这些功能的集成
与应用，为金融行业的数字化转型奠定了技术基础。

15.3　芯领神会酒店智能助手

　　芯领神会酒店智能助手（SmartAssistant）是一款基于人工智能的预订系统，

致力于为用户提供高效、便捷的酒店预订服务。该系统运用自然语言处理技术，大幅简化了传统酒店预订的复杂流程。用户无须进行复杂的界面交互，仅通过自然语言对话，即可轻松完成酒店的预订、取消或修改。这种智能化的交互方式为用户提供了直观、高效的服务体验。

15.3.1　项目展示

SmartAssistant 主界面简洁直观，分为两个主要区域：订单展示区和聊天交互区，如图 15-6 所示。

图 15-6　SmartAssistant 主界面

订单展示区以表格形式呈现用户的订单信息。表格中包含订单编号、订单状态、客户姓名、联系方式、酒店名称、入住时间和房间类型等信息。界面通过图标显示订单状态，绿色对勾表示已确认订单，红色叉号表示已取消订单。聊天交互区显示系统和用户的对话记录。用户在输入框中以自然语言输入请求，如查询订单、预订酒店等，并单击"发送"按钮提交请求。

15.3.2　技术架构

SmartAssistant 项目采用前后端分离的架构设计，前端与后端通过 HTTP 进行通信，并采用 JSON 格式进行数据交互。

　　前端基于 Vue3 框架，使用 ElementPlus 组件库实现响应式的界面设计。用户在聊天区域输入自然语言请求后，前端通过 Axios 调用后端 RESTful 接口获取数据，并利用 Server-Sent Events（SSE）协议与后端建立长连接，实现聊天内容的流式响应。

　　后端基于 SpringBoot 框架搭建，采用分层架构的设计理念。其中，Controller 层负责接收前端的请求，并采用 Flux 响应流式内容。Service 层用于处理核心业务逻辑，如订单管理、客户信息管理等。项目使用 MySQL 数据库存储信息，并在持久层利用 MyBatis 执行与数据库相关的操作。

　　项目采用模块化设计，将业务逻辑与 Spring AI 组件紧密结合。AI 组件对用户输入进行语义分析和意图识别后，自动触发预定义函数执行业务逻辑。

15.3.3　核心技术

　　SmartAssistant 项目的核心技术包括 Server-Sent Events、检索增强生成和 Function Calling。其中，检索增强生成技术在本章其他项目中已经详细介绍过，这里不再赘述。

1. Server-Sent Events

　　Server-Sent Events 是基于 HTTP 的服务器推送技术，用于服务器向客户端传输实时数据。服务器利用 HTTP 长连接，在数据更新时主动推送消息，无须客户端周期性轮询。Server-Sent Events 拥有重连机制，当连接意外中断时，客户端将自动尝试重新建立连接。

　　在该项目中，客户端使用 EventSource 与服务器建立连接。当服务器产生新数据时，向客户端推送事件消息并将 Content-Type 的值设置为 text/event-stream。消息采用纯文本或 JSON 格式进行传输，包含数据字段、事件类型和事件标识符等内容。客户端通过 EventSource 监听 message、open 和 error 等事件，实时接收和处理服务器推送的数据。

　　Server-Sent Events 实现简单、实时性强、资源消耗低，常用于实时更新数据、消息推送、系统监控和日志流等场景。

2. Function Calling

　　在 SmartAssistant 项目中，Function Calling 负责将自然语言转化为具体的业务操作。通过 Function Calling，系统能够自动识别用户意图，并执行酒店预订、取消、修改等操作。例如，当用户输入"我想预订酒店"时，系统将解析用户意图并调用预订函数完成酒店预订操作。类似地，如果用户输入"我想取消预订"，那么系统将调用取消预订函数执行取消操作。这种基于自然语言的交互设计，使用户无须熟悉复杂的交互界面，通过简单的对话即可完成相关操作。

15.3.4　开发环境

SmartAssistant 的开发环境与具体配置如下。

（1）JDK 版本：JDK17。

（2）开发工具：IntelliJ IDEA、HbuilderX。

（3）DeepSeek 版本：V3。

（4）Vue 版本：3.5。

（5）Element Plus 版本：2.9.3。

（6）MySQL：8.4。

（7）Maven 版本：Maven 3.5.4。

（8）向量数据库：SimpleVectorStore。

（9）操作系统：Windows。

（10）浏览器：谷歌、火狐。

15.3.5　项目搭建

1. 创建项目数据库

创建项目的数据库与表，代码如下。

```sql
-- 删除原数据库
DROP DATABASE IF EXISTS SmartAssistant;
-- 创建新数据库
CREATE DATABASE SmartAssistant;
-- 使用数据库
USE SmartAssistant;
-- 创建客户表 t_Customer
CREATE TABLE t_Customer (
    id BIGINT AUTO_INCREMENT PRIMARY KEY,
    name VARCHAR (50) NOT NULL,
    gender ENUM ('MALE', 'FEMALE') NOT NULL,
```

```
      phoneNumber VARCHAR（15）NOT NULL,
      idCardNumber VARCHAR（18）NOT NULL
 ）ENGINE=InnoDB DEFAULT CHARSET=utf8mb4 COMMENT='客户表';
 -- 创建订单表 t_Order
 CREATE TABLE t_Order（
      id BIGINT AUTO_INCREMENT PRIMARY KEY,
      checkInDate DATE NOT NULL,
      hotelName VARCHAR（50）NOT NULL,
      orderStatus ENUM（'CONFIRMED', 'COMPLETED', 'CANCELLED'）NOT
 NULL,
      roomType ENUM（'SINGLE', 'STANDARD', 'SUITE'）NOT NULL,
      customerId BIGINT NOT NULL,
      FOREIGN KEY（customerId）REFERENCES t_Customer（id）
 ）ENGINE=InnoDB DEFAULT CHARSET=utf8mb4 COMMENT='订单表';
```

表 t_Customer 用于存储客户信息。该表包含客户的唯一标识、姓名、性别、手机号码和身份证号码等字段。其中，性别字段采用 ENUM 数据类型，被限制为"MALE"或"FEMALE"两种取值。另一张表 t_Order 用于存储订单信息。该表包含订单的唯一标识、入住日期、酒店名称、订单状态和房间类型等字段。为规范数据格式，使用 ENUM 约束订单状态和房间类型的数据类型。订单状态被限定为"CONFIRMED"、"COMPLETED"或"CANCELLED"三种状态，房间类型则被限定为"SINGLE"、"STANDARD"或"SUITE"三种类型。此外，t_Order 表中通过 customerId 字段与 t_Customer 表建立外键关联。

2．搭建项目后端

在 IDEA 中利用 Spring Initializr 创建 Spring Boot 项目 SmartAssistant，并在 src 下按照功能划分创建子包。其中，config 包存放各种配置文件；controller 包存放控制器，负责处理客户端请求并返回响应；service 包存放业务接口及其实现类，封装具体的业务处理逻辑；mapper 包存放数据访问层的接口，负责与数据库交互；pojo 包存放简单的 Java 对象，用于数据传输；enums 包存放系统中使用的枚举类型，如性别枚举、订单状态枚举、房间类型枚举等；function 包存放业务逻辑函数，如查询订单、预订酒店、取消订单等；request 包存放请求对象，如查询订单请求、预订酒店请求等。SmartAssistant 项目后端结构如图 15-7 所示。

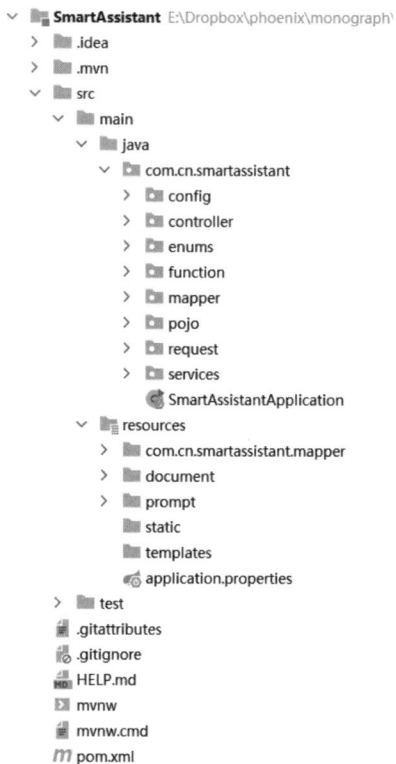

图 15-7　SmartAssistant 项目后端结构

完善项目结构后，在 pom.xml 文件中添加项目开发所需的依赖，代码如下。

```
<dependencies>
    <dependency>
        <groupId>org.springframework.boot</groupId>
        <artifactId>spring-boot-starter-web</artifactId>
    </dependency>
    <dependency>
        <groupId>com.alibaba.cloud.ai</groupId>
        <artifactId>spring-ai-alibaba-starter</artifactId>
        <version>1.0.0-M5.1</version>
    </dependency>
    <dependency>
        <groupId>org.springframework.boot</groupId>
        <artifactId>spring-boot-starter-test</artifactId>
        <scope>test</scope>
    </dependency>
```

```xml
        <dependency>
            <groupId>mysql</groupId>
            <artifactId>mysql-connector-java</artifactId>
            <version>8.0.32</version>
        </dependency>
        <dependency>
            <groupId>com.alibaba</groupId>
            <artifactId>druid-spring-boot-starter</artifactId>
            <version>1.1.10</version>
        </dependency>
        <dependency>
            <groupId>org.mybatis.spring.boot</groupId>
            <artifactId>mybatis-spring-boot-starter</artifactId>
            <version>3.0.3</version>
        </dependency>
        <dependency>
            <groupId>com.github.pagehelper</groupId>
            <artifactId>pagehelper-spring-boot-starter</artifactId>
            <version>1.4.1</version>
        </dependency>
    </dependencies>
```

接下来，在项目配置文件 application.properties 中添加项目的核心配置，代码如下。

```properties
# 配置 DeepSeek
spring.ai.dashscope.chat.options.model= deepseek-v3
# 配置数据源
spring.datasource.type=com.alibaba.druid.pool.DruidDataSource
# 配置数据库连接信息
spring.datasource.driver-class-name=com.mysql.cj.jdbc.Driver
spring.datasource.url=jdbc:mysql://localhost:3306/SmartAssistant?
characterEncoding=UTF-8
spring.datasource.username= Your username
spring.datasource.password= Your password
# 配置静态资源路径
spring.mvc.static-path-pattern=/static/**
# 指定映射文件路径
mybatis.mapper-locations=classpath:com/cn/smartassistant/mapper/ *.xml
# 统一配置类型别名
mybatis.type-aliases-package=com.cn.smartassistant.pojo
```

```
# 配置MyBatis日志打印
logging.level.root=info
logging.level.com.cn.smartassistant.mapper=debug
# 配置分页插件
pagehelper.helper-dialect=mysql
pagehelper.reasonable=true
pagehelper.support-methods-arguments=true
pagehelper.params=count=countSql
```

在项目配置文件中配置 DeepSeek-V3 模型、数据连接信息和其他配置信息。请各位读者在编码实践中将以上信息替换成与项目实际情况相符的配置。

3. 搭建项目前端

在 HBuilderX 中利用项目模板创建前端项目 SmartAssistant，其结构如图 15-8 所示。

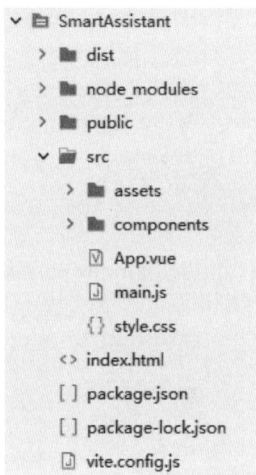

图 15-8　SmartAssistant 项目前端结构

在该项目中，assets 文件夹存放项目的静态资源，例如图片和样式文件等，components 文件夹存放项目中的组件。App.vue 作为项目的根组件，负责包裹和组织子组件。main.js 文件是项目的入口文件，用于初始化 Vue 实例、挂载根组件并引入全局的 Vue 插件和配置。style.css 文件用于定义项目的全局样式。index.html 是项目的入口 HTML 文件，用于定义应用的基本结构。package.json 文件是项目的配置文件，用于定义项目的依赖、脚本、名称、版本等信息。package-lock.json 文件用于记录项目所依赖的具体版本和安装信息。vite.config.js 文件用于配置 Vite 的各种选项，包括开发服务器、构建过程和插件等。

15.3.6　后端开发

1. 解析服务条款

AutoRunnerConfig 类负责将服务条款文档加载到向量数据库中，以支持后续的语义搜索和问答功能，代码如下。

```
@Component
public class AutoRunnerConfig implements CommandLineRunner {
    @Value ("classpath:document/terms-of-service.txt")
    private Resource documentResource;
    @Autowired
    private VectorStore vectorStore;

    @Override
    public void run (String... args) throws Exception {
      initVectorStore ();
    }

    private void initVectorStore () {
        TextReader textReader = new TextReader (documentResource);
        List<Document> documentList = textReader.read ();
        TokenTextSplitter tokenTextSplitter = new TokenTextSpli-
tter ();
        List<Document> transformDocumentList = tokenTextSplitter.
transform (documentList);
        vectorStore.write (transformDocumentList);
    }
  }
```

AutoRunnerConfig 实现了 CommandLineRunner 接口，并重写其 run 方法。项目启动时，将自动执行 run 方法完成向量数据库的初始化。在 initVectorStore 方法中，首先，使用 TextReader 读取服务条款文档，并将其转换为 Document 对象列表。然后，使用 TokenTextSplitter 将文本内容分割为文档片段。最后，将分割后的文档写入向量数据库。

2. 实现 Function Calling

在该项目中，Function Calling 用于预订酒店、修改预订、查询预订和取消预订。以下以"取消预订"为例，详细介绍 Function Calling 的具体应用。

第一步，定义用于处理取消预订的业务逻辑的 CancelBookingFunction，代码如下。

```
@Service
public class CancelBookingFunction implements Function<Cancel-
BookingRequest, String> {

    @Autowired
    private BookingService bookingService;

    @Override
    public String apply (CancelBookingRequest request) {
        bookingService.cancelBooking (request);
        return "取消预订";
    }
}
```

CancelBookingFunction 实现 java.util.function.Function 接口并重写其 apply 方法。在该方法中调用 Service 层处理取消预订的业务。

第二步，在配置类 FunctionCallConfig 中配置 CancelBookingFunction，代码如下。

```
@Configuration
public class FunctionCallConfig {

    @Autowired
    private CancelBookingFunction cancelBookingFunction;

    @Bean
    @Description ("处理酒店退订的相关业务")
    public Function<CancelBookingRequest, String> cancelFunction
() {
        return cancelBookingFunction;
    }
}
```

在 FunctionCallConfig 中使用@Bean 注解将 cancelFunction 配置为 Spring Bean，并使用@Description 注解描述该 Bean 的功能。

第三步，在配置类 ChatClientConfig 中配置 ChatClient，代码如下。

```
@Configuration
public class ChatClientConfig {
    @Value ("classpath:/prompt/system.txt")
    private Resource systemPrompt;
    private final String cancelBookingFunction = "cancelFunction";
    private final String getBookingFunction = "getFunction";
    private final String changeBookingFunction = "changeFunction";
```

```
    private final String newBookingFunction = "newFunction";

    @Bean
    public ChatClient chatClient (ChatClient.Builder chatClient-
Builder, VectorStore vectorStore) {
        SimpleLoggerAdvisor simpleLoggerAdvisor = new SimpleLogger-
Advisor ();
        InMemoryChatMemory inMemoryChatMemory = new InMemory-
ChatMemory ();
        PromptChatMemoryAdvisor promptChatMemoryAdvisor = new Prompt-
ChatMemoryAdvisor (inMemoryChatMemory);
        SearchRequest searchRequest = SearchRequest.builder ().
build ();
        QuestionAnswerAdvisor questionAnswerAdvisor = new Question-
AnswerAdvisor (vectorStore, searchRequest);
        return chatClientBuilder.defaultSystem (systemPrompt)
                .defaultAdvisors (promptChatMemoryAdvisor, simple-
LoggerAdvisor, questionAnswerAdvisor)
                .defaultFunctions (cancelBookingFunction, getBooking-
Function, changeBookingFunction, newBookingFunction)
                .build ();
    }
}
```

在创建 ChatClientBuilder 的过程中利用 defaultFunctions 方法将 Cancel-BookingFunction 注册为 ChatClient 的默认函数。

3. 人机智能交互

前端通过 Axios 调用后端接口，将用户请求发送到 ChatController。控制器通过 Function Calling 调用业务函数执行具体逻辑，代码如下。

```
@RestController
@CrossOrigin
@RequestMapping ("/cc")
public class ChatController {

    private final ChatClient chatClient;

    public ChatController (ChatClient chatClient) {
        this.chatClient = chatClient;
    }

    @GetMapping (value = "/chat", produces = MediaType.TEXT_
EVENT_STREAM_VALUE)
```

```
    public Flux<String> chat ( @RequestParam ( value = "message",
defaultValue = "您好") String message) {
        Flux<String> content = this.chatClient.prompt ()
            .user (message)
            .system (new Consumer<ChatClient.PromptSystemSpec> () {
                @Override
                public void accept ( ChatClient.PromptSystemSpec
promptSystemSpec) {
                    String key = "now_date";
                    String value = LocalDate.now () .toString ();
                    promptSystemSpec.param (key, value) ;
                }
            })
            .advisors (new Consumer<ChatClient.AdvisorSpec> () {
                @Override
                public void accept ( ChatClient.AdvisorSpec
advisorSpec) {
                    String key = AbstractChatMemoryAdvisor.CHAT_
MEMORY_RETRIEVE_SIZE_KEY;
                    int value = 100;
                    advisorSpec.param (key, value) ;
                }
            })
            .stream ()
            .content () ;
        return content.concatWith (Flux.just ("[end]")) ;
    }
}
```

在 ChatController 中，ChatClient 负责处理用户输入的请求。经过自然语言解析，Spring AI 识别出用户取消预订的意图，并调用预定义函数 CancelBooking-Function，在该函数内部通过 BookingService 的 cancelBooking 方法触发业务逻辑，并调用 BookingMapper 更新订单状态。最终，将操作结果通过流式响应返回给前端。通过这一系列步骤，SmartAssistant 实现了从用户自然语言输入到具体业务逻辑执行的完整闭环。

15.3.7　前端开发

1. 发送消息

前端与 Server-Sent Events 相关的功能主要集中在 sendChatMessage 方法中，

代码如下。

```
const sendChatMessage = () => {

  chatHistory.value.push ({

  });
  chatHistory.value.push ({

  });


  chatEventSource.onmessage = (event) => {

  };

  chatEventSource.onopen = () => {

  };

};
```

在 sendChatMessage 方法中创建 EventSource 对象发送客户端数据，并通过监听 open 和 message 事件实时接收服务端数据。

2. 创建 EventSource 对象

在 sendChatMessage 方法中创建 EventSource 对象与服务器建立长连接，代码如下。

```
chatEventSource= new EventSource (url);
```

长连接建立后，服务器通过该连接向客户端推送数据。

3. 监听 open 事件

创建 EventSource 对象后监听 open 事件。当连接建立成功时触发该事件，代码如下。

```
chatEventSource.onopen = () => {
    const lastChat = chatHistory.value[chatHistory.value.length - 1];
    lastChat.content = '';
};
```

在 open 事件中清空 lastChat 中保存的原数据，准备接收新数据。

4. 监听 message 事件

创建 EventSource 对象后监听 message 事件。当服务器推送消息时触发该事件，代码如下。

```
chatEventSource.onmessage = (event) => {
    if (event.data === '[end]') {
        chatEventSource.close();
        fetchBookingList();
        return;
    }
    const lastChat = chatHistory.value[chatHistory.value.length - 1];
    lastChat.content += event.data;
};
```

如果接收到的数据是"end"，那么表示服务器已经发送完所有数据，此时关闭 EventSource 连接，并调用 fetchBookingList 方法刷新订单数据。否则，将接收到的数据追加到 chatHistory 数组中更新对话内容。

15.3.8 项目小结

SmartAssistant 利用 Spring AI 技术优化传统的酒店预订流程，用户可通过自然语言完成酒店的预订、取消、查询或修改操作。该项目采用前后端分离架构，并以流式实时传输对话内容。主要技术栈包括 MyBatis、Server-Sent Events、检索增强生成、Function Calling、Vue 3、Element Plus 和 MySQL 等。SmartAssistant 通过智能化的交互设计，提高了用户体验和酒店运营效率，为现代酒店管理提供了有力的技术支持。

15.4 本章总结

本章通过三个实战项目，系统地展示了 Spring AI 技术在不同场景中的应用。SmartGPT 采用 HTMX 技术实现无刷新页面交互，提高了对话交互的流畅性。SmartFinance 结合检索增强生成技术和向量数据库，增强了 AI 在金融领域的数据分析与生成能力。SmartAssistant 借助 Function Calling 将自然语言映射到具体的业务函数，实现了酒店订单的自动化管理。本章通过实战项目验证了 Spring AI 在实际应用中的可行性，为行业智能化转型提供了可借鉴的实践经验。